自然教育

幼儿园活动指导手册 1

［瑞典］尼娜·霍尔姆（Nina Holm）等著

宇云 译

中国林业出版社
China Forestry Publishing House

图书在版编目（CIP）数据

自然教育幼儿园活动指导手册 . 1 /（瑞）尼娜·霍尔姆等著；宇云译. -- 北京：中国林业出版社，2020.6（2024.3重印）

ISBN 978-7-5219-0641-7

Ⅰ.①自... Ⅱ.①尼...②宇... Ⅲ.①自然教育 - 学前教育 - 教学参考资料 Ⅳ.① G613.3

中国版本图书馆 CIP 数据核字(2020)第 107750 号

外版登记号：01-2020-3050

中国林业出版社·自然保护分社（国家公园分社）

策划编辑	刘家玲　肖　静
责任编辑	何游云　肖　静

出　　版	中国林业出版社（100009 北京市西城区德内大街刘海胡同 7 号） http://lycb.forestry.gov.cn　电话（010）83143577 83143574
E m a i l	forestryxj@126.com
发　　行	中国林业出版社
印　　刷	河北京平诚乾印刷有限公司
版　　次	2020 年 6 月第 1 版
印　　次	2024 年 3 月第 2 次印刷
开　　本	710mm*1000mm　1/16
印　　张	10.75
字　　数	200 千字
定　　价	68.00 元

编辑委员会

著者：尼娜·霍尔姆（Nina Holm）

　　　乌丽卡·林戴爱思（Ulrika Lindenäs）

　　　安索菲·哈根（Ann-Sofie Hagen）

　　　马特·维德马克（Mats Wejdmark）

　　　罗伯特·莱德曼－马什（Robert Lättman-Masch ）

　　　克努特·莫森（Knut Monssen）

　　　马丁·豪格（Martin Hauge）

　　　李运霞

译者：宇云

编校：牛艳青　胡梦溪　周迎迎

作者介绍

🇸🇪 尼娜·霍尔姆（Nina Holm）

瑞典卡尔斯塔德（Karlstad）市政府幼儿园户外教育老师，拥有 20 年的学前教育工作经验，曾在卡尔斯塔德大学担任教师，在学前师资教育项目中主要负责户外数学教育，具有丰富的自然教育培训和活动经验（户外、室内）。Nina 全年都非常享受户外的时光，冬季喜欢去滑雪。

🇸🇪 乌丽卡·林戴爱思（Ulrika Lindenäs）

瑞典卡尔斯塔德自然学校[1] 校长，户外教育老师，拥有 16 年户外教育实践经验，擅长户外教育的活动设计和教师培训，尤其喜欢户外生活与动物。

---

1. 卡尔斯塔德自然学校隶属于卡尔斯塔德市政府，学校已经有 30 多年的自然教育和户外活动历史和经验，是瑞典自然教育体系的重要培训单位。

🇸🇪 安索菲·哈根（Ann-Sofie Hagen）

瑞典埃斯基尔斯蒂纳（Eskilstuna）自然学校[1]资深讲师。今年62岁的Ann-Sofie老师有着近50年的教育工作经验，在过去的16年里，一直从事着全职的自然教育导师工作，有丰富的一线自然教育培训及组织活动经验，工作过程中创立了很多自然教育工作法及自然教育体验活动，也是"可持续性发展户外教育"图书的作者之一，并撰写了20多个自然教育活动手册。Ann-Sofie老师及其团队曾多次组织、参与瑞典国际自然教育论坛和工作坊。

🇸🇪 马特·维德马克（Mats Wejdmark）

1988年，Mats创建了新港（Nynäshamn）自然学校[2]，并开始在那里担任户外教师和校长。他创立了学校的基本运作方式，安排整个市区的学校班级每年访问一次自然学校。由于多年来参与自然和环境相关项目，Mats在市内建立了一个庞大的自然教育网络。他还是国家户外教育中心的代表，参与该中心户外教育会议的组织和策划。Mats参与多部户外教育书籍的编写，并多次被邀请前往日本、俄罗斯、芬兰和爱沙尼亚举办户外教学研讨会。

---

1. 埃斯基尔斯蒂纳自然学校坐落在风景优美的森林小河边，隶属于埃斯基尔斯蒂纳市政府，主要负责该市和周围地区学校和幼儿园的自然教育课程和师资培训。
2. 新港自然学校成立于1988年，隶属于新港市政府，每年接收2500名4～16岁的学生，为当地学校和幼儿园提供结合国家课程纲要的各种各样的课程。新港自然学校与教育和儿童关怀中心合作可持续性发展项目，通过收集环境资源，安排课程，运行项目和撰写教育素材等来发展户外教育。

🇸🇪 罗伯特·莱德曼－马什（Robert Lättman-Masch）

    Robert 从 2000 年开始作为户外教育老师在新港自然学校与 Mats Wejdmark 合作。在此之前，他曾在斯德哥尔摩（Stockholm）大学学习生物学和地球科学。他和 Mats 一起安排规划整个新港市的学校和幼儿园的自然教育课程。Robert 为当地的多个自然和环境项目及活动作出了贡献。自 2002 年以来，Robert 一直在业余时间担任瑞典自然学校协会会员户外学习杂志的编辑，并参与多部户外教育书籍的编写，多次被邀请前往日本、俄罗斯、芬兰和爱沙尼亚举办户外教学研讨会。

🇳🇴 克努特·莫森（Knut Monssen）

    挪威最大的自然学校哈马尔（Hamar）自然学校[1]创始人，在自然学校工作 35 年。挪威自然教育理事会成员，创设多种自然教育活动辅助工具和独特的自然教育课程体系。多次被邀请到英国、丹麦、瑞典、拉脱维亚等国家进行讲座和交流。

---

1. 哈马尔自然学校是挪威最大的自然学校，隶属于哈马尔市政府，现有老师 6 人，负责哈马尔及周边各市学校和幼儿园的自然教育活动和师资培训。哈马尔自然学校的教学主题专注于户外生活、森林、水、气候、能量、历史文化和环境保护等，所有主题的活动都是根据学校和幼儿园的课程大纲设置的。

🇳🇴 马丁·豪格（Martin Hauge）

北欧营地教育协会[1]（NCEA）主席，作家。奥斯陆（Oslo）大学教育学硕士，20年教育和活动策划经验，著有《神奇的记忆力》《谈话的艺术》，开发学前教育课程《学习能力》。

🇨🇳 李运霞

北欧营地教育协会副主席，挪中教育文化交流学会会长，中国自然教育园长论坛组委会负责人，华北自然教育网络工委会主席。拥有中国和北欧丰富的自然教育经验和资源，并把北欧自然教育理念和资源引进中国，推动北欧与中国自然教育与文化交流。

---

1. 北欧营地教育协会是注册在挪威的非政府组织，致力于服务青少年营地教育领域的专业机构和从业人员，旨在推动北欧与中国的行业发展，组织开展与青少年营地教育相关的服务活动，培训营地教育导师，开发营地活动课程，策划、举办、承接主题赛事等。

序言一　与自然建立连接

数百万年来，大自然一直是人类繁衍生息的地方。户外教育[1]就是学习大自然及其四个重要元素——土壤、空气、水和火，结合人类数百万年对动植物的经验与了解，调动五种感官，通过故事情节[2]，将这些重要的知识与经验一代代地传递下去。这一切对于人类来说是非常重要的。

在这个"高科技"社会中，"屏幕一代"亟须重新建立与自然的连接，必须要让幼儿园的孩子在城市和乡村中重新获得关于自然的第一手人生经验。而其中最重要的课题是将语言、科学、数学、技术、自然与文化融入到幼儿园教学的实践与理论框架中。相应的，提高现代教育中户外教学的比例，同样十分重要。

户外活动、可持续教育与学习必须建立在不断地反思之上，并通过科学的思维方式将知识融入到活动之中。与此同时，管理和引导一群孩子，建立一个团队并确保户外安全同样重要。我在斯堪的纳维亚以及欧洲和亚洲（中国、新加坡、韩国和日本）的户外教育工作有30年之久，经验告诉我，基于场地的户外教育理论和方法有很大的"隐藏学习潜力"，可以通过与斯堪的纳维亚的合作，在中国得以发展。

户外教育的一个显著特征是以活动为导向的学习，强调通过活动来获得知识发展，也称"务实的进步主义"[3]，自然环境既是户外教育发生的场地也是户外教育发展的对象。户外教育是唯一在理论和实践层面都基于科学的教学法，并将学习环境作为学习和知识发展的场所、方式、对象和过程。如果我们把户外教育学习法和王阳明[4]的哲学思想联系起来，会发现两者在理论与实践方面有极多的共同之处。比如"和谐""知行合一"，正如他哲学

---

1. 在北欧，并没有"自然教育"的说法，这里的"户外教育"即为中国的"自然教育"，西欧、日本等国家也称"森林教育"或"自然森林教育"。
2. "情景式教学"是北欧户外教育的主要方法。
3. "务实的进步主义"，即实用主义教育与进步主义教育的结合。实用主义教育理论由美国哲学家、教育家约翰·杜威提出，"从做中学"是其理论基础。进步主义教育是20世纪上半期盛行于美国的一种教育哲学思潮，主要观点有以儿童为中心的学生观，以生活为内容的课程观，以解决问题为方法的教学观，淡化权威意识的教师观，强调合作精神的学校观。
4. 王阳明本名王守仁，1472年生于浙江省绍兴，明代思想家、军事家，心学集大成者。在知与行的关系上，王阳明强调要知，更要行，知中有行，行中有知，所谓"知行合一"，二者互为表里，不可分离。知必然要表现为行，不行则不能算真知。

思想中最重要的一个概念——知与行是不可分割的。真知即真行，反之亦然。他坚定知识与实践密不可分，这也是户外教育理念的关键，即"手、心、脑、体"[1]的结合。

国际研究表明，在幼儿园开展户外教育教学有以下好处。

一是，儿童与教师之间的疾病传染率会下降。更健康的孩子意味着更健康的教职人员——教师缺勤率降低，给税收与卫生系统的压力也会降低。

二是，儿童在户外比在室内动得更多，所有的运动都有利于健康——当身体带动了大脑的活动，将减少感冒的发生。更多的体能活动将降低肥胖率，同时减少骨质疏松症及糖尿病的发病率。研究发现，长满树木、灌木的城市绿化区域可以有效营造压力较小的学习环境——人体的压力荷尔蒙皮质醇在绿化环境中显著下降，同时，更小的压力意味着更好的专注度。户外环境有益身心，对于记忆和学习都有所助益。

三是，在 11 ～ 12 岁之前，经常在户外玩耍的孩子对于环境问题有更好的认知，对于可持续发展有更多的思考和行动。如果儿童完全不知道或者对于自身所处的环境没有直观的体验，他们很难理解全球环境面临的问题。这与联合国《2030 年可持续发展议程》[2]中的 17 项目标 163 个子目标密切相关。

遵循科学依据和已验证的经验是幼儿园教学的核心原则。目前，我们已有大量的实验性证据证实户外教育可以有效提升学习效果，让儿童亲近自然并且进行体育活动对于整个教育系统都是至关重要的。

《自然教育幼儿园活动指导手册 1》是幼儿园开启户外教学之旅的入门指南。本手册可以系统支持中国幼儿园和学前教育机构的户外教学——了解更多的体验式教学方法，获取第一手的经验，通过多种感官探索自己所处的公共环境，并与自然建立认知与情感上的连接。

林雪平大学户外教育系教授
瑞典户外环境教育研究中心（NCU）创始人及负责人
Anders Szczepanski
2019 年 4 月 20 日于瑞典

---

1. 也称"四健"，四健会发源于美国，从属美国农业部，青少年非营利性组织。以 4 个 H 分别代表"手、心、脑、体"，主张从工作中学习，意在发动青少年与儿童手脑并用，身心均健。
2. 《2030 年可持续发展议程》于 2016 年 1 月 1 日正式启动，呼吁各国现在就采取行动，为今后 15 年实现 17 项可持续发展目标而努力。

序言二　我们为何要做自然教育

从 2005 年开始做儿童教育以来，由于个人背景和接触到的外部知识体系，我们做了许多自然教育的尝试。十年前我经常带着孩子去门头沟一带的山上玩，当年山上有一条小河水流湍急，我们在河边扎营，现如今再去就发现这条小河已接近干涸状态，这种自然的变化是很让人痛心的，而现在城市中长大的孩子却很少有这种对自然的变化感到痛心的情感。

最近看了一篇文章，讲的是危机日益严重的全球环境，让我触目惊心。

据报道，目前北冰洋的最高温度居然达到了 32℃，这就意味着冰面大量的消融，而北极熊、海豹、企鹅都是需要依靠冰面来生存的，导致这些动物的生存空间被极度压缩。产生这些现象的根源就在于日益严重的全球变暖。你能相信善于游泳的北极熊也会溺水而亡吗？因为它找不到可以停靠的冰面，只能一直不停地游，又累又饿，最后体力不支，溺水而亡。

这是气温方面的变化，我们再来说说其他方面的变化。

　　塑料制品对生物、对自然平衡的破坏是非常严重的，因为它在自然现有的消化力下非常难以降解，我们随意丢弃的垃圾如果被动物误食就会给它们造成非常强烈的痛苦。

　　我们长久以来都喊出"战胜自然"的口号，但这个口号从来都是错误的。环境问题涉及方方面面，我们无法对其进行全面地讨论。我们认为自然是人类的附庸品，取之不尽用之不竭，而人类的生命与自然的生命相比是非常渺小的，人类却还天真地以为自己是世界的主宰，这是非常狂妄自大的想法，而这种想法也已经严重地危害到我们自己。

　　一个生命存活在世界上，首先要对自己有认知，对其他的生命体有认知。所以，在自然教育中，无论是轻轻地拾起一朵花，还是看到地上的一只蚂蚁，只要是跟一件事情接触久了，都会增长孩子们的认知。当他们看到一年四季自然的变化时，他们是在感知，最重要的是他们在感知生命的概念，同时也在感知世界万物没有任何生物可以独立生存，世间万物一定是相互依存的。一个美国人写过一本书，他让孩子们进行一个"生命之塔"的游戏，比如，让孩子模拟一条毛毛虫，同时让孩子思考"我要去吃什么？谁会吃掉我？"，体验这种生物链的活动就能很好地帮助孩子们感知万物是相互依赖共存的，任何两个物体都能找到相互联系的地方，同时能让孩子们感受到自然的法则，对自然有喜爱之情、有敬畏之心。

　　自然所给予你的种种变化和自然给予的教育或美的感受是无处不在的，我们给孩子最好的东西就是帮助他们发现身边的美好。

博苑教育创始人

云飞

2019 年 5 月于北京溪谷营地

目录

第二篇 自然教育的主题活动 /21

第一篇 初识自然教育

自然教育（户外教育、森林教育或自然森林教育）的理念始于19世纪的北欧。一些哲学家、教育家和自然学家崇尚自然，提倡多进行户外活动。此观念渗透到教育中，形成了自由开放的教育模式，鼓励学生尊重自然，多接触和了解自然界，在自然界中学习，着重开拓人的想象力和创造力。这些理念奠定了今天自然教育的基础。

所有孩子生来就有对学习和玩耍的好奇心和欲望，这种冲动就像饥渴一样强烈。对自然的热爱也是人类所固有的，自然界的知识始于自然。当你使用身体的所有部位：所有的感官，大脑，手和脚时会获得最佳的学习效果。

个人经验成为我们建构知识、理解自然以及我们对自然有多少依赖的基础。即使传统的学校科目，如历史、地理和数学，也可以在户外教授，所有的科目都可以加入自然——我们最好的教室。

在自然学校，孩子们可以教给我们的就像我们教给他们的一样多。引用一位自然导师的话："儿童就是自然，我们有那么多需要向他们学习的地方——如何玩耍，如何与自然互动。孩子们教给我们如果要把知识留住，就必须享受学习的过程，让学习变得有趣儿。"

一、什么是自然教育

什么是自然教育？自然学家、科学家和教育工作者从不同的角度给出了解读。这些解读都是合理的，它们都指向了侧重自然环境的教育，主动体验探索的教育。

——自然教育就是带孩子们走进自然，利用自然元素和自然环境进行游戏、观察、记录、创作等一系列体验式的活动，在活动中建立人与自然、人与人、人与自我的关系。

——自然教育是让体验者在生态自然体系下，在劳动中接受教育；是解决如何按照天性培养体验者，如何培养体验者释放潜在能量，如何培养自立、自强、自信、自理等综合素养的同时，树立正确的人生观、价值观，实现均衡发展的完整方案；是解决教育过程中的所有个性化问题，培养面向一生的优质生存能力，培养生活强者的教育模式。

——自然教育是以自然环境为背景，以人类为媒介，利用科学有效的方法，使儿童融入大自然，通过系统的手段，实现儿童对自然信息的有效采集、整理、编织，形成社会生活有效逻辑思维的教育过程。

——自然教育就是以有吸引力的方式，让人们在自然中体验、学习关于自然的知识，建立与自然间的联结，树立生态的世界观。

——卢梭（法国）提出的自然教育思想是指教育要遵循人的自然本性，使人得到自由的发展，人为的教育和事物的教育要以自然教育为基准。卢梭指出，要保证儿童在自身的教育和成长中取得主动地位，无须成人的灌输、压制和强迫。教师只需创造学习的环境，防范不良的影响。自然教育的最终目标是培养"自然人"。

下面是摘自"自然启迪课堂"的一段话，我们觉得与北欧的自然教育理念非常一致。

"自然教育是一种教学方式，需要专业自然体验师的引领和启发。自然教育意味着细致的自然观察，持续的自然体验，虔诚的自然守护行动，这些既要有自然体验师的引领，又要有参与者的行动。在自然教育中，每个成员都是体验者、受益者。自然教育既是教育也是生活，是浸润在日常生活中，连接着本地生活的体验教育。它可以在远处的森林、大河进行，也可以在近郊的公园湿地开展。它帮助孩子建立与自然的联系，帮助成人找到生活的根。"

自然教育的关键词
解决问题
探索
发现
户外生活
跨学科
合作
运动
可持续性发展
在真实的环境中学习
用所有的感官进行学习
挑战
自尊

那么，自然教育有什么好处？当在真实环境中使用不同的方法学习时，自然教育将以多种方式发展。自然教育在很多方面对个人和社会都是有益的：

自然教育为提升儿童的好奇心和学习了解自然的兴趣提供积极的体验。

自然教育会调动我们所有的感官，因为我们获得的经验是真实的，所以学习变得更加清晰和明确。

自然教育的场地是一个经过选择的地点，因此，你可以在正确的地点和真实的情境中学得更好。

自然教育的经历留在我们的记忆中，是更鲜活、更深刻的记忆。

自然教育一起学习的模式促进个体之间的合作。当一个人的经验与他人联系起来时，知识就会得到加强，你们可以一起分析讨论各自所看到的一切。

自然教育不仅可以为班级的孩子提供指导和讲故事，还必须通过"实际动手操作"来提供这些经验。亲身体验增强了孩子的自控能力、自信和对未来生活的理解。

自然教育推动了可持续性发展。自然知识教会我们去爱护自然而且让我们懂得自然会影响我们未来所作的选择。

自然教育推动健康发展，通过活动提高运动技能和平衡能力，使你无论在身体和精神上都会感觉更好，在欣欣向荣的绿色环境中，压力感也会降低。

二、自然教育的学习方法

当孩子们在自然中学习时，与生俱来的好奇心会引发他们去感受、发现、探索和调查研究。作为老师，需要给他们时间和工具去做这些事情，并不做过多干扰。从某种角度讲，老师并不需要是这个主题或领域的专家。但是，这也意味着老师必须对孩子们的发现表现出好奇和兴趣，并能通过问"正确"的问题（有成效的问题），在他们的学习过程中给予帮助，真正成为幼儿感受、探索过程的引领者、支持者和帮助者。

优秀的老师会通过新奇的事物来吸引儿童的注意力，用一些不寻常的东西去激发孩子的好奇心，用对话式的语言让孩子们知道老师对他们的想法感兴趣。老师可以在孩子们开始探索某个主题时认真地指导他们，但不要主导谈话，要允许孩子有时间作出回应或更仔细地思考问题。

而提出问题—观察探索—作出假设—实验研究—交流结果—得出结论的探索过程，即是像科学家一样工作的方法。

（一）像科学家一样工作

1. 提出问题

发现和提出问题是探索的起点。大自然中的事物常常会吸引孩子们的注意力，不知名的小虫子会吸引孩子观察半天。虫子有嘴吗？虫子有几条腿？虫子喜欢吃什么……这些问题正是探究活动的来源。作为老师，支持孩子们的提问，把孩子们感兴趣的问题设计到自然教育活动中，是探究的良好开端。

2. 观察探索

根据提出的问题对研究对象进行观察探索。常用的观察方法有简单观察、对比观察、长期跟踪观察等，根据观察的任务和对象不同，使用的观察方法也会不同。

3. 作出假设

鼓励孩子进行猜想和假设，并说明理由。老师要充分调动孩子原有的知识经验，分析和设想现象的成因，设计解决问题的方案。

4. 实验研究

通过设计一个或几个实验来验证假设，鼓励孩子按照自己的计划进行客观而细致的观察、实验和记录，老师要为孩子提供材料上的支持和帮助。

5. 交流结果

实验会得到一个结果，这个结果可能直接产生结论，或者需要更进一步地实验和调查研究才得出最后的结论。老师要组织集体、小组等多种形式的交流与讨论，鼓励孩子大胆发表自己的意见，并能专心倾听他人的见解。

6. 得出结论

根据观察、实验和讨论的结果，形成对所探究问题的合理解释。这个阶段需要回顾和综合思考探究的过程，是一个需要思维和语言高度参与的过程。

正是通过像科学家一样的工作，孩子尝试各种方式解决问题和寻找答案，经历发现和获取知识的过程，在一定程度上具备了主动学习、自主学习的能力，这些能力让孩子受益终身。

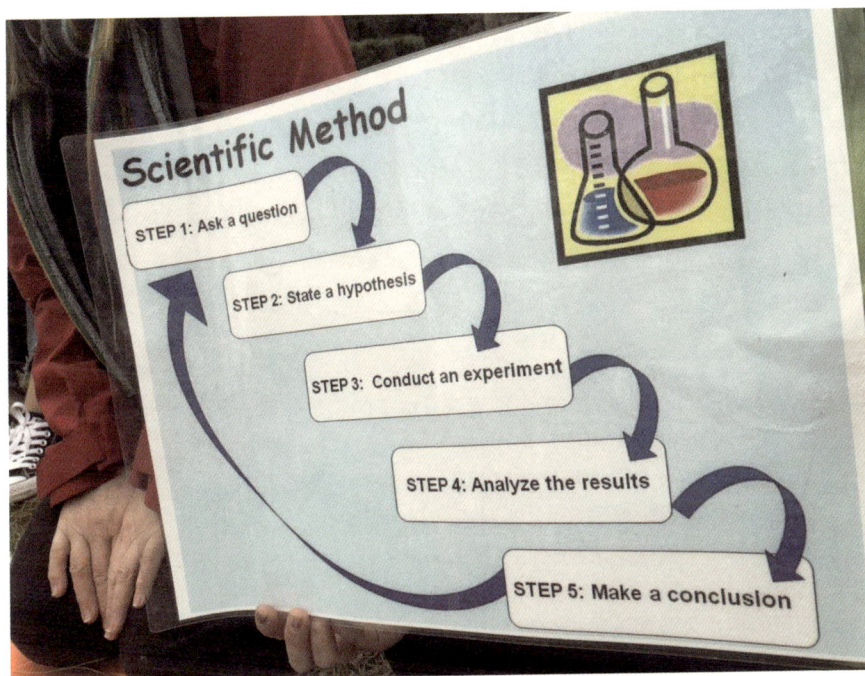

参考样例如下：

工作方式	样　例
提出问题	蚂蚁最喜欢的食物是什么？
观察探索	我们看到蚂蚁在吃剩饭菜。
作出假设	我觉得蚂蚁更喜欢甜食，因为停留在香蕉上的蚂蚁要比鱼上的蚂蚁多。
实验研究	我们会在蚁窝附近建造一个蚂蚁饭店，将土豆、柠檬、苹果、面包、糖和虾放到一个盘子里提供给它们，然后验证它们更喜欢哪种食物。
交流结果	苹果和糖上爬满了蚂蚁，这是最先被吃掉的食物。
得出结论	根据结果，我觉得我们的假设是正确的，蚂蚁最喜欢甜食。

（二）有成效的问题

在和孩子谈话时，老师要注意提问的方式，问有成效的问题会引导谈话内容，并且激发孩子探索的兴趣和创造性的思维方式。不要问一些毫无成效的问题，这些问题只是让孩子们在寻找标准答案，或者重复老师说过的话。如果你想让孩子们独立思考，就应该提出富有成效的问题。

这里是一些有成效问题的样例：

> 1. 集中孩子注意力的问题
> 你看到蜘蛛的眼睛了吗？你注意到这只虫子的腿是如何长在身体上的吗？
> 2. 关注测量和计算
> 瓢虫身上有多少个点？用你的胳膊比一比木棍有多长？
> 3. 把关注点放到"比较"上的问题
> 所有的种子一样吗？它们之间有什么不同？
> 4. 引起孩子对某件事物调查研究的兴趣
> 如果你把花大头朝下种植会发生什么？
> 5. 给孩子解决问题的机会
> 我们怎样让一棵植物横向生长？你能让蜗牛翻转过来吗？

如果你用"why（为什么）"和"how（怎样）"开始提问，你应该思考怎样使用它们才能得到孩子们个性化的回答，而不只是指向"正确的答案"。例如，"你对虫子的食物有什么想法？"而不是"虫子是如何吃东西的？"又如，"关于虫子的头部你是怎样想的？"和"为什么你觉得那是虫子的头部？"……

在关键问题的引导下，孩子会使用他们自己的知识和经验给出答案（假设）。你也可以把"为什么"换成"是什么原因"这样的提问方式来引导孩子去调查研究他们的答案（假设）。

掌握提出问题的时机也很重要。孩子们在讨论问题前需要去调查和探索，而老师的角色是去帮助他们保持对主题和正确事件的注意力。

（三）反思和讨论的重要性

孩子们通过和其他小朋友及老师一起讨论，可以获得新的思维方式，更能从多角度理解讨论的内容。维果斯基指出，每个孩子都有一个最近发展区[1]，这个区域是孩子能自己学习或与知道更多的人合作而达到发展的差距。在这种学习方法中，老师的职责是构建主题或焦点区域的框架，并确保每个人都能说出他们的意见，无论观点对与错。

在讨论中，每个人都需要学习如何倾听和交谈。探索性谈话的特点是可以激发孩子们的新想法。在孩子和老师的谈话过程中，老师会有更多的机会帮助孩子用正确的方式表达自己的想法，这也是孩子学习新词语和不同物品科学用语的好时机。因此，在讨论中需要营造良好的心理氛围，这种氛围能让孩子有安全感，感到被支持，进而通过互相学习、互相帮助来完成和发展他们自己的想法。

讨论的氛围也必须是开放的。开放的问题，开放的答案，每个孩子的想法都会被倾听和尊重。在这个过程中，老师的行为表现和提问方式也是非常重要的，具有好奇心和探究热情的老师能够感染和带动孩子的热情和积极性。

---

1. 维果斯基最近发展区理论指学习者现时及实际可达到的发展的差距。这个差距是由学习者的独立学习能力和其潜在发展水平而决定的。教育对儿童的发展能起到主导作用和促进作用，但需要确定儿童发展的两种水平：一种是已经达到的发展水平；另一种是儿童可能达到的发展水平，表现为"儿童还不能独立地完成任务，但在成人的帮助下，在集体活动中，通过模仿，却能够完成这些任务"。这两种水平之间的距离，就是"最近发展区"。把握"最近发展区"，能加速学生的发展。

三、自然教育必备的安全常识与技能

当你带幼儿园的孩子去自然中做活动时，需要对活动的内容和地点有安全感。老师必须具备安全常识，并且熟知活动场地和活动流程。老师的这种安全感会让孩子和他们的父母感觉到活动的安全性。

去户外活动的次数越多，就会越有安全感。但是事情总会有第一次，这也是对老师和班级孩子以及每个单独个体的挑战。第一次的户外活动可以先从幼儿园附近开始，找到一个地点作为户外活动点，在那个地方你可以带着孩子做户外活动的实践和练习，活动的内容可以根据活动地点的环境设计。

大家应该知道：规则越少，活动效果就越好。作为幼儿园老师，我们常常不自觉地制定很多规则，但是，如果孩子一直在努力记住并生活在这些规则中，就会把他们限制住。当我们带班级去户外活动时，我们通常只有两条规则，第一条规则是孩子们最远能走到他们可以看到我们的地方（如果他们能看到我们，通常我们也一样能看到他们）。这条规则我们可以称之为"隐形的围墙"。户外活动不像在幼儿园里有围墙，所以孩子需要练习并且知道他们玩耍和探索的区域有多大。开始的时候你可以帮助孩子们，指出一个可见的标志，在那个标志内的区域是他们可以活动的地方。你可以使用衣夹把标志挂在"围栏"边的树上，告诉孩子那里是活动的边界。第一次活动的时候，给孩子们指出特定的区域，并且演示给他们，然后渐渐地去掉衣夹的标志。这时，孩子们已经知道哪里可以去，哪里不能去了。第二条规则是孩子与火之间需要有一个安全距离。幼儿园的孩子是不允许自己生火的，但是他们可以帮助老师准备生火的材料。当火生起来的时候，我们要让他们与火保持一个安全的距离。

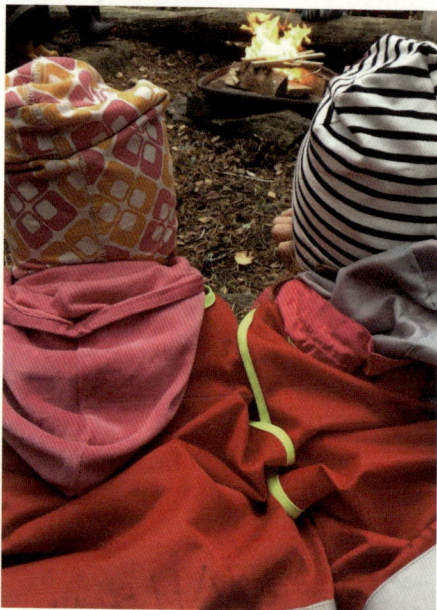

有时我们会加上第三条规则，"如果你没有重要的话要说，就请安静"。这个在幼儿园并不常见，但是，如果你们班有一些比较消极的孩子，会很容易把他们的情绪传给班里其他的孩子，这是你不希望发生的。

制定规则的原则是：所有的规则必须是重要的。首先，确定你自己能遵守这些规则并确保规则能执行下去。你不希望自己变成"户外警察"，如果老师成为"户外警察"，会毁掉孩子们户外活动的美好时间，这样对孩子和老师都不好。其次，户外活动时间应该是一起享受，用来探索、发现和玩耍的。

（一）安全装备

根据所做的活动我们需要考虑安全装备。例如，如果想要调查研究水，应该确保孩子有合适的着装，保证他们不会弄湿受冷；如果去观察鸟，确保孩子们不会直接看向太阳，因为强烈的阳光会灼伤眼睛，需要做好防护，保护眼睛。

另外，不同的季节对安全也有不同的要求。有的区域四季分明，有的区域季节区分并不明显，可以根据自己所在的区域调整所需装备。

冬季：大人总是担心孩子会冷或被弄湿，所以给他们穿很多的衣服，但是同时，也要防止让孩子感觉太热。你可以把手伸入他们的后背去检查是否有出汗，如果他们有出汗，就让他们脱掉一件毛衣，但如果他们感到冷，就需要给他们多穿点衣服或者把他们带到室内。我们的身体结构是用来保护我们的内脏器官的，这就意味着我们身体的表层会先变冷，特别是手和脚，所以通过感知孩子手和脚的温度可以知道他们是不是很冷。

无论外面是冷或暖，羊毛材料的贴身衣物都是一种很好的选择。全身都以正确的方式穿着也是非常重要的，冬天只有温暖的夹克远远不够，因为身体的热量会从腿部和身体其他部位散发出去。户外活动时，手套和帽子也是必需的。此外，应该让孩子分层穿衣服，这样就可以根据活动和气温增减衣物。

春秋季：孩子需要穿着防风和防雨的衣服。当然也需要考虑太阳照射，涂抹防晒霜或用合适的衣服覆盖全身来防止太晒的直晒。户外活动点需要有可以遮阳的地方。

夏季：必须要考虑阳光的直射和炎热，活动地点需要有遮阳的地方，进行必要的防护避免阳光照射，而且要饮用足够的水以防止脱水。

这些工作都需要在出发前准备好。

关于活动中的安全操作问题，重要的是老师需要了解班级里孩子的水平，挑战的难度需要根据孩子接受的程度而定，要让他们为这些活动提前作好准备。例如，孩子们爬树时，一开始可以把绳子绑在他们身上以帮助攀爬，这样孩子们可以爬到比较高的位置。通过一步步地练习，一段时间后，老师只需要用手来帮助他们就行了。

（二）风险或危险

作为一名户外教师，你想要给孩子们挑战，让他们提升认知和运动技能，但是又不想让他们处于危险中。所以，老师要能分辨风险和危险。

风险——有可能绊倒或摔倒，弄湿，或受轻伤。

危险——危及生命的情况。

例如，如果你们想要研究水生生物，就需要靠近水。选择一个可以站稳的地方，水不要太深。在这种情况下，活动的风险是孩子们可能会弄湿。但是，如果你们选择的地点是陡峭的河流边缘，水深且急，此种情况就是让孩子处于危险之中，孩子可能会跌倒受伤或溺水。

（三）选择地点的常识

当选择户外活动场地时，需要考虑几个重要的方面。

首先是交通路线。寻找到达目的地最好的方式，找出到达的最佳时间。

其次，如果是一个公共区域，要确认你熟悉那个区域的规章和条例。老师要先行考察，认真观察这个地方可以做什么，是否有任何可能存在的风险，制定出活动计划和安全计划。不只是老师要了解这个地方，班级里的孩子也需要了解。当你们首次到达这个活动地点时，要一起去发现、探索、观察研究。和孩子一起去调查了解活动地点是一项很好的任务，在这个任务中可以观察到孩子对什么感兴趣，哪些是他们喜欢的东西，有助于发现更适合孩子们的活动内容。

（四）急救包

与所有活动和工作一样，安全是最重要的。作为一名户外教师，必须要分析和评估你和孩子一起活动和练习的风险。事故可能发生，而你要作好准备。随身携带安全计划和急救包是必需的。急救包可以购买，也可以自己制作。

急救包配备：

呼吸面罩

创可贴（膏药）

剪刀

棉签

纱布

镊子

用于深层伤口的薄膏药条

葡萄糖

弹力绷带

冷却凝胶

眼药水

消毒湿巾

止血带

外科医用胶带

脚起水泡用的膏药

一次性手套

伤口消毒清洁药物

芦荟

四、自然教育活动中的分组方法

组织自然教育活动会涉及很多的合作方式——大团体、小团体、两人合作等。当准备一个活动时，你需要考虑活动的目的和想要让孩子如何工作。活动的主要目标可能是训练团队合作能力、帮助孩子更好理解数学概念或者是专注于孩子的语言发展等。根据活动需求，用适合活动主题的方式对孩子进行分组。户外活动中分组可以让老师更好地照顾每个孩子，有利于增进孩子之间的感情，集中注意力，培养团队合作精神等。

这里有几种不同的分组方法可供参考。

（一）你决定

如果活动需要孩子全神贯注，或者主要目标不是练习合作，那么最好的分组方式是由老师指定哪些孩子在一组，因为你知道怎样是最好的安排。孩子可以提出自己的意见，也可以对老师的分组表达高兴或失望。

（二）图片分组

让孩子们站成一个圈儿，并把手放在背后。老师走到圈外，给每个孩子手上放一张图片。当所有的孩子都拿到图片后，可以允许他们查看自己手上的图片，根据图片的内容进行分组。

例如，给他们的照片是动物，可以让他们找到：

——有相同动物图片的小朋友；

——图中动物腿的数量相同的小朋友；

——动物有共同点（如宠物，生活在森林里的动物，昆虫，蜘蛛，食肉动物，草食动物等）的小朋友。

（三）拼图分组

如果可以任意组合小组成员，使用拼图分组是不错的选择。拼图可以和活动的区域以及主题结合起来。例如，如果活动主题是关于陆地生命的，拼图上的图片可以是小虫子；如果活动主题是关于数学的，那么拼图的图片就可以是数字。

为了更容易找到属于同一拼图的图卡，可以利用图片的背面或背景，如在背面涂上不同的颜色或放上标识物等，孩子们能比较容易地找到同一组的人。

当孩子们站成一个圆圈的时候，请他们把手放到背后，给每个孩子分发一张拼图块。当所有的孩子都拿到拼图块后，你可以发出一个信号，此时孩子们把拼图块拿出来进行对照，寻找同组的人。

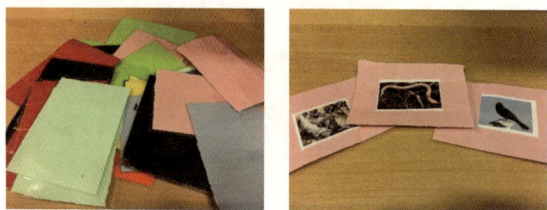

（四）食物链分组

分组方式和拼图分组类似，需要把拼图的图卡换成食物链的图卡，植物、食草动物、食肉动物等。例如，水稻—稻螟虫—青蛙—蛇，拿到这一组卡片的孩子分为一组。

（五）拼出单词分组

如果孩子们认识英文单词，可以用拼单词的方式来分组。例如，今天的活动主题是关于虫子的，可以选择一类虫子的名称，如蚂蚁"ANT"。把蚂蚁单词里的字母分开写到三张纸片上。让孩子们站成一个圆圈，把手放在背后，发给每个孩子一张纸片。当所有孩子都拿到纸片时，可以发出口令让他们把纸片拿出来，纸片上的字母能组成某个虫子名称的孩子成为一组。例如，拿着 A 的孩子找到拿着 N 和 T 的孩子，他们三人即为一组。这种分组方式需注意的是，小组的人数会受到单词里字母个数的影响。如果想保持每组人数相同，就需要使用字母个数相同的同类单词。

（六）数字分组

这种分组方式是"拼出单词"方式的一个变体，用数字代替字母。如果想把孩子分成 5 组，每组 5 个人，可以制作一些小纸卡，上面写上数字 1，2，3，4，5，同一个数字有 5 张纸卡。每人领取一张，拿到相同数字的孩子即为一组。

卡片可以有一些变化，比如，把数字改成物品——有的卡片上是数字 5，有的是 5 颗鹅卵石，有的是点数为 5 的骰子，还有的是伸出的 5 根手指等。

还可以用一副扑克牌来做这个活动，选出需要的数字和颜色，孩子根据老师的指令进行分组。例如，同种颜色、相同数字的为一组；相同花色的一系列数字为一组等。

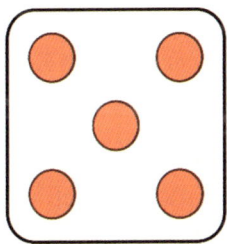

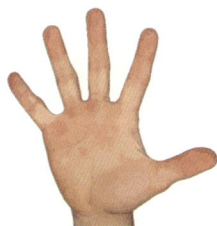

（七）自然物品分组

首先，让孩子从周围的环境中找到一个自然物品，然后用下面的方式进行分组：有相同属性的物品分为一组（相同的长度，相同的形状，相同的大小等）；或者有相同特性的物品分为一组（同为花朵，同为树叶，同为石头等）。

还可以要求孩子们找到相同的自然物品，让他们按照一定的标准对物品进行分类或排序，然后按照类别或者一定的顺序进行分组。例如，让每个孩子都捡一根木棍，按照木棍的长短排序。当孩子们根据自己手中木棍的长短顺序站好后，可以从开始数出5个孩子为一组，接着再去数5个一组，依次类推。

（八）声音分组

如果活动的主题是与声音和感觉有关的，可以用听觉来分组。例如，用装有多种不同自然物品的不透明罐子进行分组（罐子的数量要和孩子的数量一样）。如果把一个班级分成4组，每组5人，那就选用5个罐子装上沙子、5个罐子装小石头、5个罐子装上黄豆、5个罐子装上食盐。让孩子们摇动罐子，听听彼此罐子里发出的声音。拿有相似物品声音罐子的人将组成一组。

（九）衣服和年龄分组

如果孩子们没有穿统一服装，可以按照他们的衣服颜色来分组。观察孩子们穿的衣服，让所有穿蓝色裤子的孩子为一组，穿黄色T恤的为一组，穿绿色袜子的为一组等。

还可以根据孩子的年龄和生日分组。询问孩子是否知道他们出生的月份。在同一个月份或季节出生的人可以分在一组。

（十）投骰子分组

大家站成一圈。如果你希望每组中有相同数量的孩子，可以和孩子一起数一数，计算出一组里应该有多少个人。例如，班级里有20个孩子，想分成4组，每组应该有5个人。让所有孩子围成一个圈，一个孩子掷骰子，根据掷出的数字依次数圈里的孩子。例如，掷出的数字是3，那么每数到3的那个孩子就加入这一组。组满5个人之后，剩下的孩子继续投掷骰子，依次类推直到分完小组。

（十一）旋转松果分组

就像投骰子分组的方式一样，首先要计算出一组中应该有多少个孩子。然后大家站成一圈，其中一位老师或一个孩子拿着一个松果，把松果投掷到圆圈中间，松果尖部指向的孩子加入一组，此组人满后换一个孩子投掷松果，直到分组完成。

五、自然笔记的意义

自然笔记是探索自然、记录自然、融于自然的方式。用简单的图画或文字把对自然的观察、体验和感悟等记录下来，是自然教育重要的组成部分。

自然笔记不需要有绘画基础，也不拘泥于形式，重要的是在这个过程中，孩子们能感受自然的美丽，感觉自己与自然的连接，唤醒内心深处的悸动，激发对自然的热爱。

自然笔记能让孩子们更深入地去观察自然、探索自然，留住自然中的某个时刻。

自然笔记将艺术与自然科学完美地结合在一起。孩子们在自然观察探索中，了解各种生命的形态和细节，并用绘画、拍照、自然物品和清单的形式记录下来，激发孩子们的创作灵感，并享受其中的乐趣。

自然笔记可以让孩子们注意力更集中，观察力更敏锐。如感受不同的季节变换，孩子们会对自然界发生的变化更关注，并能认真去观察、思考。

自然笔记可以培养对大自然的热爱和保护自然的意识。在做笔记的过程中，孩子们能更深入地理解自然，对自然作更多思考。

自然笔记能提高孩子们的想象力、创造力和语言表达能力。

第二篇　自然教育的主题活动

主题一　感官之路

主题二　童话探险

主题三　虫子的世界

主题四　神奇的水

主题一　感官之路

你的哪种感觉最强？视觉、听觉、嗅觉、味觉还是触觉？有些人只是想到某道菜肴就可以感受到它的味道；有些人闻到窗外的花香时，就想起儿时春天的感觉；有些人谈论曾经去过的地方时，就仿佛在想象中重游了一遍；而有些人可以记住某处的声音。我想几乎每个人都知道被蚊子叮咬以及随之而来的痒的感觉。

美国心理治疗学家威廉·格拉瑟（William Glasser）的研究发现，我们能记住所读内容的10%、所听内容的20%、所看内容的30%、同时听和看的内容的50%、经过讨论的内容的70%，切身经历过的可以记住80%，教给别人的可以记住95%。

所以，当你用全身心、所有感官学习时，你将终身记忆。这也是自然学校老师尝试在教学方法中使用多感官的原因之一。另一个原因是人类使用不同的方式学习时，感觉是不同的，最强的（效果最好的）那种感觉也是不同的。如果我们能在教学时尽可能地调动、使用所有的感官，那么无论是成年人还是儿童，大部分的参与者都能获得更好的效果。

本章的活动，通过在户外活动中运用视觉、听觉、嗅觉、味觉、触觉这五种感觉，全感官、全方位地去感受自然、体验活动，从中获得相关的知识与经验，为老师在以后的自然教育活动中运用这种全感官学习奠定基础。

一、主题活动目标

主题名称	结合领域	主要发展目标
老虎和鹿	社会、健康和语言	合作、语言表达和感官发展
感官之路	艺术、语言、科学和社会	观察、创意、感知、合作、数学应用
捏自己	艺术和语言	观察能力、艺术创作和语言表达
谁最重	科学	数学感知
我看到了，我看到了，你看不到	语言	语言表达与观察
门卫游戏	语言和健康	语言表达、观察能力、注意力、运动发展
最大的和最小的	语言和科学	观察能力、语言表达和数学比较
森林管弦乐队	艺术	音乐创作
感官自助餐	科学	科学探究、不同的感官感知
罐子里装着什么	科学	感官运用、数学思维
照相机游戏	科学	短期记忆和观察、合作
自然的乐器	艺术	声音艺术与创意
区域里有什么	语言和科学	语言表达、观察和比较分类
水果沙拉	科学和艺术	感官与感知、艺术与创意
摸摸它是什么	语言和科学	语言描述与物品特性感知
绳子活动	健康、社会和科学	体能运动、平衡、合作与感知
一年感官记录	科学、语言和社会	观察、语言表达、社会交往与合作

二、活动中的安全与风险规避

当我们使用感官时，一些安全规则是需要注意的。

不要让孩子吃自然中的任何东西，除非你确定这种东西是安全、可食用的。有些植物是有毒的，甚至会致命。许多植物或蘑菇看起来很相似，不容易辨别。要教会孩子你是怎样确认植物或蘑菇是否可食用的。例如，蓝莓，蓝莓很美味，但是有一些看上去和蓝莓很相似的浆果却是不能吃的。如果要鉴别是否是蓝莓，你可以尝试用手去挤压它，如果手指变紫了就是蓝莓。如果老师不能确定某种植物是否可以食用，就一定不要让孩子去吃。如果发现孩子吃了不了解的植物，要第一时间打电话给医护人员，并且带上他们吃过的植物样品。

当你在户外带孩子做活动时，一定要告诉他们即使是阴天也不要直接用眼睛看向太阳。此外，浅色的表面会反射太阳光线，可能会伤害到眼睛，所以要确保不让孩子看阳光直射的浅色物品的反射区域。

教孩子正确地闻东西的方式——挥动手把物品的气味扇过来。如果没有闻到气味，可以让鼻子离物品近一些，再近一些。但要小心不要太用力去闻，以免物品的一些小颗粒松动而进入鼻子里。

感受事物的好方法——先用身体的一小部分，如手指快速地触摸它。如果你有在厨房烧热锅煮饭的经验，那么你可能已经使用过这种技巧了。孩子们喜欢用手抓东西，如果你事先教给他们正确的做法，就可以避免受伤。一些植物和动物通过分泌化学物或用身上的刺来保护自己，所以如果用一个手指去触摸它们而粘上化学物要比用整只手好很多。当然，这也是一种学习方式。在瑞典，有一种常见的植物叫刺荨麻，每个孩子都知道这种植物，不是因为他们在幼儿园或学校学过，而是因为大多数孩子在幼年时就有因被其刺痛而产生烧灼感的经验，所以他们在以后的生活中就会记住怎样躲避这种植物。而且他们也知道如果被刺荨麻刺到，在伤口上吐一些唾沫就会缓解疼痛。

谈到声音，大自然的声音真的很美妙，很少有让人害怕或者对耳朵产生伤害的声音。很多我们应该害怕或警惕的声音却是人类制造的。

三、一日活动案例

在出发做活动前，要根据天气情况检查每个孩子是否穿着合适的衣服，也确保每个人都去过厕所。活动最好先开始使用视觉感官——眼睛，因为我们寻找位置、发现物品首先要用到视觉。去了解活动的地点和环境会让我们更有安全感。

（一）活动目标

（1）让孩子通过各种感官直接感知身边的环境，获得直接的经验。

（2）认识五种感官的重要性，知道如何保护它们。

（3）能感知和发现物体材料的不同特性。

（4）培养善于观察、用心倾听的能力。

（5）培养语言表达能力和团队合作精神。

（6）训练孩子的专注力。

一日活动计划

8：30 集合与说明

9：00 热身游戏

9：30 休息

10：00 感官之路 1～5

11：15 集合

11：30 午餐

12：15 感官之路 6～9

13：00 回顾与总结

（二）活动材料

眼罩，放大镜，五个感官标志，耳朵、鼻子等模型，颜色卡，金属勺子，白纸和砂纸，各种不同的图片和图形，铃铛，胶带，胶水，一些蔬菜、水果等。

（三）活动准备

人类有五种感觉：视觉、嗅觉、味觉、听觉和触觉。和孩子谈论这些感官，告诉他们如何在学习中使用这些感官。即使没有人告诉小孩子，他们也会这样做：他们抓住石头去感受它，把石头放在嘴里去品尝，把石头扔在地上听声音。当然，我们不应该把所有的东西都放到嘴里或扔到地上，但是在学习的过程中我们会使用多种不同的感官来增加记住所学知识的机会。作为老师，重要的是要记住我们都是用不同的方式学习的，有的孩子听觉记忆好，有的孩子视觉记忆好。同时，我们也应该知道，使用的感官越多，学到的和记住的就越多。

给孩子介绍感官最好的方法是用我们的感官和动物的感官进行比较。观察不同动物的图片，讨论不同种类动物感官的相同与不同。重要的不是一个正确的答案，而是孩子们可以分享自己的想法和反思，去倾听他人的想法。为什么我们的耳朵是长在头的两侧而不是像猫那样长在头的上面？为什么我们的双眼离得很近而牛的眼睛却在两边离得很远？

多数 3 岁以上的孩子都知道怎样用鼻子去闻东西，但是在去户外做活动之前让孩子们充分了解各种感官如何使用也是很必要的。

下面的准备活动可以提前在室内完成。

（1）问问题和作假设

看东西用什么？

听声音用什么？

闻味道用什么？

五种感官是什么？

它们都有什么作用？

动物的感官与人的感官有什么不同吗？

（2）五种感官认知

让孩子们画出五种感官，然后分别说出它们的作用。

（3）让孩子触摸并感觉不同的自然物品，可以蒙上眼睛去感知。然后，带孩子们用陶土做出这些物品。

（4）两人一组，每组面前放一些自然物品。其中的一个孩子拿起一个物品描述它的形状以及他对这个物品的感觉。另一个孩子戴着眼罩听描述，猜出物品的名称。也可以两个孩子背对背来完成这个活动。

（四）集合与说明

在选择好的集合地点集合，进行活动说明。然后进行热身活动，调动起孩子们的热情。

（五）热身游戏——老虎和鹿

大家站成一个圆圈，一个孩子扮演老虎，一个孩子扮演鹿。"老虎"和

"鹿"都需要蒙上眼睛，而且会把铃铛绑在他们的腿上。"老虎"腿上的铃铛要比"鹿"的大。"老虎"现在非常饥饿，需要抓住猎物——"鹿"来充饥，"鹿"要逃脱"老虎"的追赶。两只"动物"都会在孩子们围成的圈里活动，而且他们都需要认真地听，因为他们看不到。

围成圈的孩子们是"安全网"，他们要保证"老虎"和"鹿"不会跑出圈外。如果他们跑到圈的边缘，圈上的孩子要发出声或拍一下他们的肩膀来阻止他们。当"老虎"抓住"鹿"后，游戏结束。换其他的孩子扮演老虎和鹿重新开始游戏。

这个活动会让听觉和感觉变得更灵敏。最后，可以和孩子们谈论他们扮演"老虎"和"鹿"的感觉，还可以谈论动物是怎么捕猎的。捕猎者要轻轻地潜行，猎物需要站直不动，仔细听可能来自各个方向的捕猎者的声音。

（六）感官之路

利用中间休息时间，老师布置好感官之路，在不同的地方放上不同的感官标志牌。

👁 1. 在眼睛标志处

每个孩子要在周围的环境中找到三种颜色不一样的自然物品，然后大家把自然物品放到一起，看看一共有多少种颜色？数一数每种颜色有几个物品？用放大镜观察，说说放大镜中的物品有什么不同。

（1）活动1 视觉——找到相同的颜色

准备一些颜色卡。出示一张颜色卡，让孩子说出颜色卡的颜色，然后让他们从自然中找到相同的颜色。如果允许的话，可以把他们找到的物品带在身上。当他们找到了一种，就可以开始找另一种颜色。所有与颜色卡相同颜色的物品都找到后，集中放在一个地点，这样大家都可以看到它们并惊叹于大自然丰富多彩的颜色。

（2）活动2 视觉——自然的蜡笔

准备一些白纸和砂纸。使用上面活动中收集到的不同颜色的自然物品，在上面画画。在做活动之前问孩子：如果用其中的一种物品在纸上画时他们觉得会发生什么？当孩子们说出他们的想法和原因时，你可以用物品在纸上划一下，看看发生了什么？和孩子们一起讨论结果，然后让孩子们尝试使用自然物品在纸上作画。

2.在鼻子标志处

孩子们要在标志附近找到一些有气味的自然物，然后大家聚在一起，看看一共找到了多少种有气味的物品。一个组的孩子站成一圈，每个人轮流去闻其他人手中物品的气味，并说说是什么气味。可以把小草、花朵等揉碎，气味会更浓郁。

（1）活动3 嗅觉——闻闻自然的气味

和孩子们一起走入自然中，去闻不同的自然物品并描述它们的气味，例如，树干、花朵和石头等。也可以让孩子们闻同一个物品并进行描述。有的孩子能找到合适的词去描述，有的则可能觉得比较困难，但是倾听别人的描述会对他们很有帮助。

芳香的体验是个体的，所以孩子们的描述是不同的，而且是没有对错的，只是他们自己对这种气味感觉的表述。一些孩子听到其他孩子的描述时可能会改变自己的想法，这是没有问题的。这种方式有利于孩子们互相学习，了解每个人对相同事物的不同想法。

（2）活动4 嗅觉——我最喜欢的气味

给每个孩子一个杯子，他们可以收集有自己喜欢气味的物品放到杯子里。如果是植物，为了让香味散发出来，可以把它们揉碎。闻一下孩子们收集的物品，让孩子们彼此去闻对方的物品。然后，让孩子们选择他们自己最喜欢的香味，并说出为什么最喜欢这种气味。

👄 3. 在嘴巴标志处

可以提前在这里放上一些能品尝的东西，如苦苣、蓝梅叶子或者一些菜叶和果实等。要孩子们品尝，说出是什么味道（苦的、甜的、酸的），有多少种味道。大家一起讨论自己尝过的味道，最喜欢的味道等。

活动 5 味觉——自然的味道

如我们前面描述的，教给孩子如果不确定某种植物是否可食用，就不要去品尝它们是非常重要的一件事。但是，如果在活动地点有一些物品确定是可食用的，就请把它们摘下来告诉孩子这种植物的特性，为什么你确定这种植物是可食的，让孩子品尝并描述它的味道。就如香味的活动，这里没有正确或错误的答案，只是根据每个孩子自己的经验感觉去描述。

以上活动结束后，是时候让孩子们调动味蕾享受午餐了。还可以在午餐后让他们讨论一下味觉的经验。

✋ 4. 在手的标志处

孩子们可以用手触摸有不同触感的物品，例如，粗糙的树皮，坚硬的橡果，光滑的草叶等，说说触摸它们的不同感觉。也可以闭着眼睛，用手触摸，说出是什么样的物品。

（1）活动 6 触觉——找一找

孩子们集合后，让他们根据清单找到相应的物品。如下面清单。

让孩子们出示找到的物品，请他们用身体不同的部位去感觉这些物品，如放到面颊上感觉，放到手腕上感觉，放到手背上感觉。我们身体不同的部位感觉细胞的数量是不一样的，所以不同部位对同一件物品的感觉也是不一样的。让他们说一说身体不同的部位对相同物品的感觉是一样的吗？

让孩子们把物品进行分类，数一数他们找到了多少湿的物品，多少干的物品，多少硬的，多少软的等。

收集物品的清单
凉的
暖的
湿的
干的
重的
轻的
光滑的
粗糙的

（2）活动 7 触觉——找朋友

这是一个使用触觉感受的活动，也是一种如何分组的活动。收集自然物品，物品的种类根据想要分的组数确定。如果你的班级里有 20 个孩子，每个孩子 1 件物品，你想把他们分成 5 组，就要收集 5 种不同的自然物品，每种有 4 个。

让孩子们站成一圈，每个孩子把手放在背后。老师给每个孩子手上放一个自然物品。当所有的孩子都得到物品后，让其中的一个孩子描述他对手中的物品是怎样的感觉。请他不要说出物品的名称，只描述对物品的感觉。那些认为自己拥有相同自然物品的孩子要走出来和描述物品的孩子站在一起。然后，让剩下的孩子中的一个孩子继续描述自己的物品，依次类推，一直到所有的物品都被描述完。最后，让每个孩子看一看自己的物品。

孩子们很难对他们背后的物品保持沉默，但通过练习，他们能学会通过感觉来描述物品。如果知道手中拿的是什么物品，可能他们描述时会用"视觉"而不是"触觉"的词汇来描述，比如：它是棕色的（孩子手中拿的是一个棕色的松果）。这时，你就需要问孩子他是如何知道物品的颜色是棕色的。

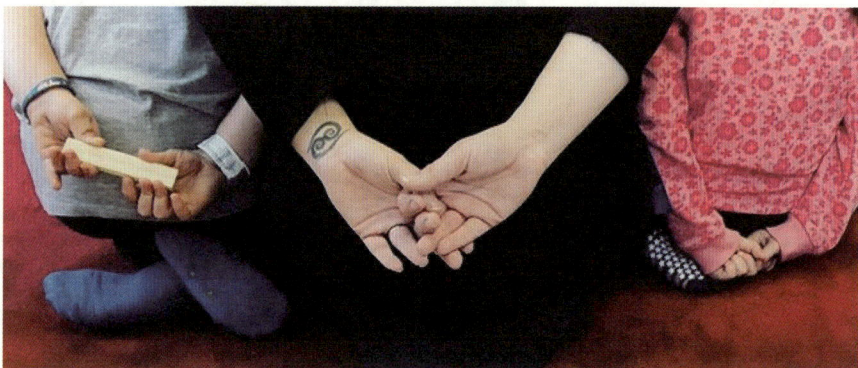

🦻 5. 在耳朵标志处

孩子们要闭上眼睛（或者蒙上眼睛）去听，每听到一种声音，就伸出一个手指，看看听到了几种声音，都是什么样的声音（可以模仿出来），谁听到的声音最多。在闭着眼睛听声音的时候，大家都必须保持安静，不能出声。也可以每听到一种声音就在纸上画上一道，或者画出声音带给你的不同感受。

（1）活动8 听觉——声音从哪里来

让孩子们围成一个圈，闭上眼睛，这样他们的听觉会更敏锐。几位老师站在孩子们的圈外，每人手上拿着一只响铃，每次由一位老师摇晃响铃，让孩子们指出声音从哪个方向传来？

接下来让孩子们用手把一只耳朵盖起来，再做相同的练习，看看他们听到的和之前有什么不同。还可以让孩子把手放到双耳后让耳朵"变大"，再做这个练习，问一下他们感觉如何？

　　这个活动也是对动物耳朵大小和位置认知的一个游戏。比如，有些食草动物有很大、可以移动的、高高地长在头顶上方的耳朵，所以它们能听到各个方向的声音。

（2）活动 9 听觉——金属勺子

　　把班级分成小组（可以继续按活动 7 的分组），每组一个老师。其中一组带上一对金属勺子走开藏起来。藏好后将两个勺子互相敲击，其他组的成员要仔细地听声音是从哪个方向传出来的，根据声音找他们的藏身处。找到的这一组作为下一组藏身者。大家都寻找过藏身者之后，集合在一起讨论是怎么找到藏身的那一组的。如果寻找者迷路了应该怎么做？（藏身者留在原地发出一些声音，让寻找的人更容易找到。）

（七）回顾与总结

从"感官之路"回来后，大家可以围坐在一起，分享介绍一下自己的体验。

一天活动结束，就是回顾和总结的时间了，可以用多种方式来进行。比如，为这一天作一首诗。如果孩子们可以读和写，他们可以自己做；如果不能，老师可以帮助他们。

今天的诗：

我看到了……

我听到了……

我闻到了……

我尝到了……

我感觉到了……

我想要……

前面的句子让孩子们回顾和反思一天所做的活动，最后一句可以让老师看到孩子们感兴趣的是什么，什么是他们想要再做的活动，或者一些完全不同的计划等。对活动的总结是非常重要的，这种方式可以加强对事情的记忆。最后，还可以让孩子们用自己所作的诗画一幅画。

还可以和孩子们讨论，如果所有的人都失明，社会将会如何，讲一讲关于在这样的世界里生活一天的故事。

孩子们使用感官不仅体验了解了事物，也发展了语言。和孩子们一起谈论这些经历，让他们试着用语言表达看到的、听到的、触摸到的、尝到的、闻到的。做完一个练习接着做另一个练习而不去回顾总结当然很简单，但是，作为一名教师，引导孩子们去回顾、反思更加重要。通过回顾，可以加强孩子们在活动中获得的经验以及对知识的理解和记忆。在回顾的时候，我们可以问孩子们："今天学到了什么？"，但这个问题有时候难以回答。而如果用"今天你们做了什么？"来代替这个问题，然后一起来回顾活动过程，就能让孩子们更关注活动的目标。例如：

老师：你们还记得我们来到这里做了哪些活动吗？

孩子：我们寻找了不同的颜色！

老师：你们记得我们找到了多少种颜色吗？

孩子：很多。

老师：是的，自然中有很多不同的颜色！

通过这些问题，帮助孩子们专注于活动的目的。老师可以继续引导孩子们回顾某一个活动结束后又做了什么等。

在做体验式教育的时候，使用开放式的问题效果非常好，问题的答案可以是不同的，而不是仅回答"是"或"不是"。

四、更多关于感官的户外活动

🌿（一）捏自己

目标：培养孩子的观察能力、艺术创作和语言表达能力。

材料：黏土（陶土），镜子。

活动说明：请小朋友们讨论"我长什么样子？"

让他们互相观察或者对着镜子描述自己的样子（我有两只眼睛、一个鼻子、一张嘴巴，在头的两侧各有一只耳朵，或许头上还有头发）。

和孩子一起讨论各种感觉与身体部位的关系。

让孩子们用黏土"创造"自己。

给每个孩子一块黏土，粘贴到树干上。用手捏出自己的"脸"，然后在周围环境中寻找一些可用来作为眼睛、嘴巴、鼻子、耳朵和头发的自然物，把它们粘到泥巴上。当然，孩子们也可以发挥想象力创造一个和自己不一样的泥人，然后对比自己说说哪里不一样。例如，这个泥人有 3 只眼睛，我只有两只；我有长头发，泥人没有，等等。

提问：我们的五官都有什么？

我们和动物的身体有哪些不同？

（二）谁最重

目标：自然中的数学感知。

材料：不同颜色或者有不同标记的盒子（或有盖的小篮子），记号笔，秤。

活动说明：把孩子们分成小组，每组 4 个人，每组分一个盒子（或一个有盖的小篮子）。每个小组要在盒子或篮子里装上自然材料，然后盖上盖子，确保没人能看到里面装了什么。

接下来，各小组一起来感觉盒子（或篮子）的重量，用记号笔记下哪一个盒子（或篮子）是最重的，哪一个是最轻的。依次排序。完成排序后，用秤测量篮子重量，检验结果是否准确。

提问：怎样知道物品的重量？

排序的方式有哪些？

（三）我看到了，我看到了，你看不到

目标：训练观察能力和语言表达能力。

材料：自然物。

活动说明：这个游戏需要用眼睛快速找到"领导者"看到的和描述的物品。需要孩子们仔细观察周围的环境是什么样的，还可以学到一些植物的名称。

选出一个孩子作为"领导者"，其他人作为参与者。

领导者经过观察，从周围的环境中选定一样自然物进行描述。不能直接说出物品的名称，一次只使用一个词语描述。当参与者想出被描述的物品是什么的时候，就伸出大拇指（不允许说出答案）。当大部分人都伸出了大拇指时，领导者数 1、2、3，数到 3 时所有人一起说出物品的名字。如果有不同的答案或者答案不正确，可以交流讨论确定正确答案。之后换一个人作为领导者继续游戏。

提问：你看到了什么？

它们是什么样子的？什么颜色？

你的周围哪些物品是最多的？

🌿（四）门卫游戏

目标：训练观察能力、语言表达能力、注意力、运动发展。

材料：绳子（或细长的木棍）。

活动说明：这个游戏需要仔细观察周围的环境，能让孩子的眼睛更敏锐。

用绳子（或木棍）围成一个长 15～20 米，宽 10 米的活动区。选定一位小朋友做"门卫"，独自站在活动区的一侧，背向大家；其他人站在活动区的另一侧（起点），朝向"门卫"。"门卫"观察周围，说出一个物品的名字（比较容易看到的），如果你能看到那个东西，就向前走一步，没有看到的人停在原地。随着"门卫"说出的物品越来越多，大家离"门卫"的距离也就越来越近，当"门卫"说出一个并不存在于周围环境的物品时，比如，老虎，就会转身追赶大家，这时所有人都要跑回到活动区的起点（这里是安全区域）。如果到达起点之前被"门卫"抓到，你就要加入"门卫"。游戏一直持续到除了一个人之外的所有人都被抓到，那么这个没有被抓到的人就会成为下一个"门卫"。

提问：怎样快速找到"门卫"说的物品？

怎么能更好地躲避"门卫"的追击？

🌿 （五）最大的和最小的

目标：训练观察与比较能力、语言表达能力。

材料：绳子，自然物。

活动说明：这是用视觉感官——眼睛来做的一个活动。

用绳子围起一个区域，老师让每组的孩子在确定好的区域里找到最大的物品和最小的物品。让孩子们说说区域里都有哪些物品？哪个是最大的？哪个是最小的？然后，每组向其他组展示他们找到的物品。孩子们还可以用物品的长短（高矮）或粗细来比较，并试着去证明他们自己的选择。如果你想用一些特定的东西如树或花，那么孩子们就需要找最大的树或花和最小的树或花。

提问：区域里都有什么？有哪些种类？

区域里什么是最大的？什么是最小的？

🌿 （六）森林管弦乐队

目标：用自然物进行音乐创作，感受不同物品发出的声音。

材料：自然物。

活动说明：这是个关于听觉的活动。

请孩子们收集一些自然中的物品（小木棍、石头、松果等）作为乐器。然后开始"森林管弦乐"，演奏一些旋律和一些熟悉的歌。数一数自己的"乐器"可以发出多少种声音。

提问：怎样让自然中的物品发出美妙的声音？

我们还可以用自然物制作哪些乐器？

🌿 （七）感官自助餐

目标：科学探究，用不同的感官感知物品。

材料：桌子，自然物，水果沙拉。

活动说明：在户外放置一张桌子，大家围坐在桌前。桌上放有一些从自然中找到的物品，请孩子们使用不同的感官去认知这些物品，比如，用鼻子闻（味道），用手触摸（光滑的还是粗糙的），用眼睛观察（形状、颜色、大小等）……然后，取出水果沙拉，请小朋友们品尝（酸的、甜的、苦的、辣的……）。如果想更好地突出味觉，可以让他们蒙上眼睛去品尝并猜一猜沙拉里都有哪些水果。

提问：我们怎么知道物品是什么味道的？是光滑的还是粗糙的？

用什么方法能更好地感知这种物品呢？

🌿（八）罐子里装着什么

目标：感官运用，锻炼数学思维。

材料：几个不透明的罐子（或瓶子），沙子，咖啡，盐，胡椒粉，豆子等。

活动说明：把沙子、咖啡、盐、胡椒粉、豆子等分别放到不同的小罐子（或瓶子）里，封好。摇晃每个罐子，仔细听声音有什么不同，然后请孩子们描述每个罐子里的声音是什么样的，并猜一猜每个罐子里装有什么物品？

提问：怎么辨别罐子里装着的不同物品？

为什么不同物品发出的声音是不一样的？

🌿（九）照相机游戏

目标：训练短期视觉记忆，培养合作精神。

材料：无。

活动说明：两个孩子一组进行游戏。一个孩子扮作照相机，另一个孩子扮作摄影师。先约定好"按快门"的动作，譬如，按一下"照相机"的鼻子，或者拍一下他的肩膀之类的。

"照相机"要闭上眼睛，由"摄影师"引领着去森林里（或者院子里）的某个地方，比如，一棵大树下。停下来后，"摄影师"按下"快门"。"照相机"要快速地睁开眼睛然后闭上眼睛做"拍照"的动作，同时快速地观察一下"被拍照"的地方。"拍完"后继续走到下一个地点，重复刚才的动作。根据孩子的能力选择拍照地点的数目，一般4～5处为宜。最后，回到原点。

扮作"照相机"的孩子睁开眼睛，观察周围的环境，根据拍照时的瞬间记忆，尝试找到刚才拍的地方。然后，互换角色。（由于活动中扮演"照相机"的孩子要闭眼，老师需要更加注意安全问题。）

提问：闭着眼睛和睁着眼睛时感觉有什么不一样？

如何能更容易地找到"照片"被拍的地方？

（十）自然的乐器

目标：声音艺术创意。

材料：自然物。

活动说明：用自然界中的物品制作自己的乐器。例如，可以用橡果的帽子当口哨，把橡果帽放在食指和中指之间，用嘴唇对准指关节使劲吹。又如，可以用枫叶做口哨，沿着枫叶的纤维把它撕成一个三角形，把枫叶藏在嘴巴里就可以吹出声音。枫叶三角形的尖端（茎的区域）应该放在舌头上，纤维层朝下。保持舌头抵住上颚发出一个强烈的声音：嘶嘶嘶……在掌握这项技术之前，会流出很多的口水。

提问：大自然中的物品可以发出哪些美妙的声音？

还可以制作哪些自然的乐器？

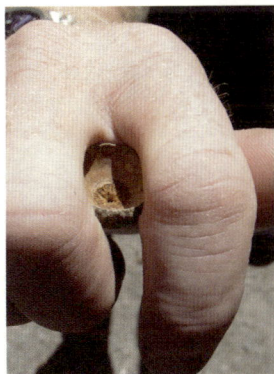

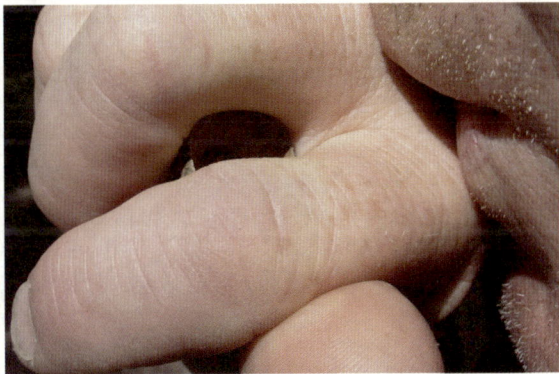

（十一）区域里有什么

目标：培养语言表达，锻炼观察、比较与分类能力。

材料：一些圆环（或绳子）。

活动说明：给孩子们分组，每组一个圆环（或绳子）。在自然环境中，请每组用圆环（或绳子）圈出一个区域。让孩子们仔细观察这个区域并讨论，区域里都有什么？如：这个区域里有多少不同种类的植物？它们是什么颜色的？它们是硬的还是软的？这个区域和另一个区域里的物品有什么不同？

提问：植物都有哪些分类方式？

如何更容易地观察某个区域里的物品？

🌿（十二）水果沙拉

目标：锻炼感官与感知，培养艺术与创意。

材料：几种水果，刀子，盘子，纸和笔。

活动说明：把水果切成块儿放到盘子里，做成水果沙拉，让小朋友们品尝水果沙拉，说一说都有什么水果，味道是怎样的。然后，在纸上画出这些水果。

提问：水果是什么样的味道？酸的、甜的或苦的？

为什么我们要吃不同的水果？

除了品尝还可以通过什么方式感知是哪种水果？

🌿（十三）摸摸它是什么

目标：锻炼触感与语言表达。

材料：布袋，一些蔬菜和水果。

活动说明：把不同的蔬菜或水果装入一个布袋里，让孩子们伸手去摸。通过触摸描述出物品的形状、粗细、光滑粗糙、软硬等，并猜一猜是什么物品？需要注意的是如果是年龄比较小的孩子，最好使用他们熟悉的物品。

提问：不同水果或蔬菜摸上去有什么不同？

你能说出哪些感觉？

你最喜欢的水果或蔬菜是哪种？是什么样的？

🌿（十四）绳子活动

目标：训练触觉和听觉，掌握平衡能力，培养自信、勇敢的品质。

材料：绳子，眼罩。

活动说明：绳子活动有多种方式，你可以找到适合的内容结合到活动中。

这个活动挑战孩子们的触觉和听觉，可以体验原始智人作为猎人的感觉。想象一下，在夜间偷偷摸摸不出声地寻找猎物的感觉，每一步都要保持平衡，像夜猫一样在黑夜中行走，以免产生丝毫的噪音。

根据孩子们的能力，在精心挑选的场地上设置好绳索。选择的场地应该有些高坡和自然的障碍需要跨过去或者钻过去。孩子们不能提前看场地和绳索，他们需要蒙上眼睛并且赤脚（视场地情况决定是否赤脚）。老师将蒙着眼睛的孩子一个一个带到活动处，把他们的手放到绳子上，然后孩子根据自己的感觉，沿着绳子走到终点。每个孩子之间要有足够大的间距以免碰到彼此，并且大家在活动中要保持安静。当孩子们到达绳子终点时，摘下眼罩，站到集合的地方安静地观看，直到所有人都完成任务。

有的孩子可能会害怕戴上眼罩单独活动，可以尝试以下解决方案。

（1）让孩子不戴眼罩沿着绳子走，或者在行进过程中偶尔闭上眼睛试试。

（2）让一个朋友站在绳子另一侧拉着戴眼罩孩子的手。朋友可以小声告诉戴眼罩的孩子前方的障碍。有一些孩子希望老师作为"朋友"，他们会更有安全感。

（3）让孩子先自己尝试，如果他们感觉不安全，可以停下来呼唤朋友过来帮助。总会有一些人站在附近可以去帮助他们，然后再变换角色。

（4）在绳子上打一些绳结，让孩子们数一数有多少绳结。第一次让孩子们睁着眼睛沿着绳子走，第二次让他们蒙上眼睛，这样他们能知道在到达终点前有多少绳结要去感觉。

提问：最大的挑战是什么？

蒙上眼睛有什么感觉？

活动过程中有什么感觉？

（十五）一年感官记录

如果想要观察和研究周围的环境，我们最好调动所有的感官去体验、学习和记忆。一年中的不同时间，周围的事物也是不同的，可能是闻上去有些不同，触摸时有些不同，或者是听起来有些不同。例如，冬季下雪的时候，几乎听不到声音，因为雪隔离了声音；春天，可以闻到生命的气息；夏天，可以感觉到太阳灼热了脸庞；秋天，可以享受观看树叶不同颜色变化的乐趣。

找到一处或几处你和孩子们都喜欢去的地方，可以是一条小河，一片森林，公园或幼儿园院子里的某个地方。当决定了想要观察和记录的地点后，给这个地方做个标记——这是"属于你们的地方"。孩子也可以带父母到这个地方来，他们可以看到你们的调查研究，也会成为你们探险的一部分。可以把这个地方作为一个区域来观察，也可以只选择这个地方的一棵树或一棵植物去观察。

例如，我们要怎样用所有的感官来观察、研究一棵树呢？

用我们的眼睛。可以观察一棵树，说出树看上去是什么样的？是一棵大树还是一棵小树？是高的、矮的、粗的还是细的？树上是否有树叶？叶子是什么样的？树皮是什么样的，什么颜色？你能看到一些树根吗？树上有很多枝杈吗？有什么住在树上吗？

用我们的耳朵。可以把耳朵贴到树上听一下树的声音，还可以听风吹动树枝和树叶的声音。声音听上去像什么？你能听到树上有鸟或其他动物的声音吗？

用我们的双手。可以触摸树皮、树枝。你能给大树一个拥抱吗？这棵树的树干和你双臂环绕起来一样粗吗？

用我们的鼻子。可以闻一闻树和树叶。把树叶或树皮碾碎一点闻一闻，就能获得很强的气味。

也许你不想去尝一下树的味道，但或许你能找到一棵树的果实是可以吃的。

选择不同的季节对这棵树进行观察，并进行持续的记录，用照片、绘画和注解做一个自然观察日志（见附录 3 一年感官活动记录表）。

还可以在幼儿园的园子里种上一些花草或蔬菜。这个活动可以在不同的季节使用所有的感官来进行：感受土壤的温度和湿度，闻闻花草的香味，听一听传粉者的声音，品尝一下蔬菜的味道。

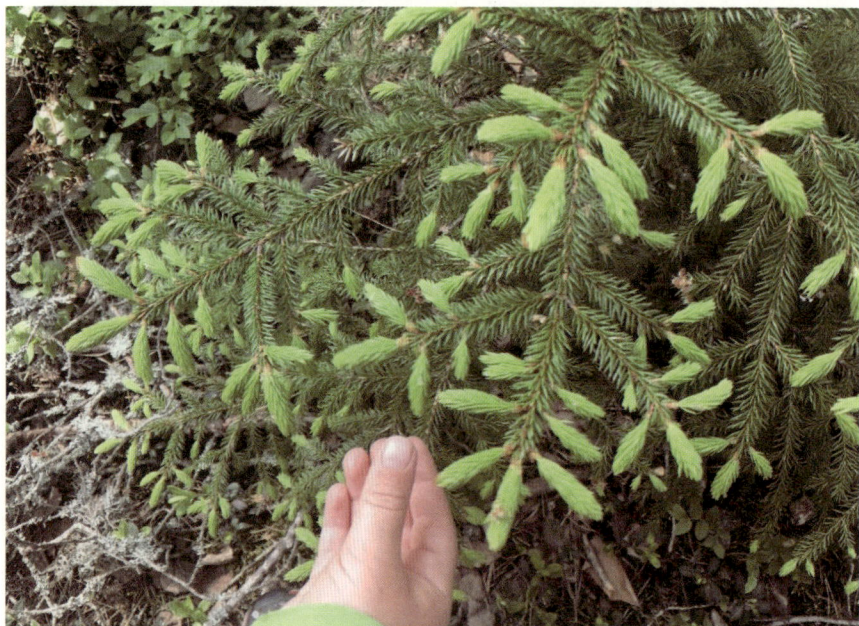

五、拓展阅读

（一）感官活动相关实验

1. 哪只眼睛是主视眼？左眼还是右眼

方法一：用一张 A4 纸卷成一个纸筒，纸筒的两端开口不一样大，用开口大的一端放到眼睛处，要能覆盖两只眼睛，然后选择不远处的一件小物品，通过小开口端观察这件物品。先闭上一只眼睛观察，再闭上另一只眼睛观察，一只眼睛会看到那件小物品，而另一只眼睛看不到，能看到的那只眼睛就是主视眼。

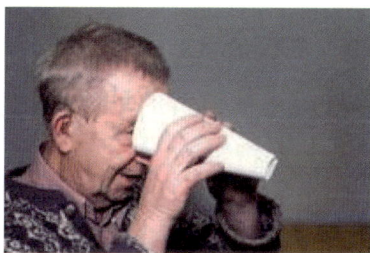

> **科学说明**：平时观察物体的时候，大脑都会通过主视眼来判断物体空间的位置，而另一只眼是辅眼，起辅助作用。

方法二：先选择一个目标物体，可以是一个小水杯，也可以是一支笔，双手交叉虎口成三角形，透过这个三角形可以看到事前选择好的目标物体。分别遮住一只眼睛，单眼透过这个三角形区域，看能不能看到这个目标物体，如果能看到的话，这只眼睛就是主眼，不能看到的话就是辅眼。

方法三：平伸任意一只手臂并竖起一指，借助此手指看两米以外的物体（就像瞄准一样，只不过是用两只眼睛），然后闭上一只眼睛。如果你感到竖起的手指位置发生了变化，这只眼睛就是辅眼；如果手指的位置没有变化，这只眼睛就是主眼。

2. 测试耳朵听觉的方向

材料：2 个听筒，一个约 7 米长的塑料管，剪刀，记号笔。

把两个听筒连接到塑料管的两端，用记号笔在塑料管的中间标上记号。

一个人站立着，把两个听筒贴近双耳，连接的塑料管放在身后的地上，如图示。另一个人用剪刀的金

属部分敲击中心点两侧的不同地方。哪一侧耳朵先听到声音就竖起哪一边的大拇指。首先，从离中心点比较远的地方开始敲击，然后敲击离中心点越来越近的地方。仔细感觉一下：在距离中心点多远处敲击时，不能准确判断声音是从哪一侧传过来的。

科学说明：大脑根据两只耳朵的声音到达时间和音量的差异来计算声音方向。当声源靠近左耳时，声音会先于右耳到达左耳，同时右耳接受到的音量也较低。

（二）神奇的动物感官

1. 动物的视觉

动物的生存环境复杂多样，所以动物的视觉功能也是纷繁复杂的。有些动物视觉锐利，洞察秋毫；有些动物却目光呆滞，视若不见；还有一些动物是没有视觉的。

(1) 鸟类的眼睛比大脑更大，视觉是鸟类最重要的感觉。

猫头鹰：猫头鹰的眼睛位于面部的正前方，几乎像人类一样，但它的眼睛只能转动 2 度，而人类的眼睛可以转动 100 度。但另一方面，猫头鹰却有一个灵活的脖子，可以使头部全方位旋转，所以猫头鹰眼睛看方向要依靠脖子的转动。

丘鹬：与猫头鹰不同，丘鹬的眼睛位于头部两侧。它们不用转动头部就可以直接看前面或后面。对于一只猛禽而言，最重要的是直视前方和判断距离，而一只可能成为猛禽猎物的鸟类则需要更宽广的视野才能发现敌人。

（2）昆虫有复眼。每个复眼都像数码相机中的像素，这些"复合物"一起形成昆虫看到的图像。因此，昆虫看到的环境影像一般和我们看到的不一样。这些"复合物"可以与我们眼睛内部的锥体进行比较。

蚊子和苍蝇：蚊子和苍蝇有一种由光敏细胞束构成的复眼，在昆虫中它们是唯一具有此功能的物种。蚊子的眼睛可以看到非常近距离的物品。它们的眼睛覆盖了头部后面的大部分区域，因此可以看向各个方向。叮人的蚊子非常擅长区分光与暗的物品，特别容易被黑暗所吸引。

苍蝇的眼中含有 5000 个独立的成像器，可以将采集到的信息合成非常丰富的画面，外界的动作在苍蝇眼中就像慢镜头。

（3）蜘蛛：蜘蛛像人类一样拥有晶体和视网膜，如相机功能一样。通常蜘蛛有 8 只眼睛，一些眼睛看细节，另一些眼睛记录运动的物体。

（4）鱼：鱼的眼睛中含有紫外线接收器以及比我们多的晶状体。在鱼儿的视野里面，它们看到的世界大概是绿、红、蓝三种颜色。

2. 动物的听觉

蝙蝠：蝙蝠是夜晚活动的动物，它们的视力较差，但听觉却是最灵敏的。它们晚上出来活动时，会发出一连串的超声波，然后用自己敏感的耳朵，通过处理反射回来的声波，来判断物体的距离和大小。

猫头鹰：猫头鹰和人类的听觉几乎相差无几。猫头鹰没有任何外耳，它的耳朵隐藏在羽毛下。当外面完全黑暗时，一些猫头鹰用耳朵定位猎物。它们的脸是抛物线形状，能够捕捉声音。许多猫头鹰甚至没有对称的耳朵，一只耳朵比另一只耳朵高，导致来自猎物的声音不会同时传到双耳，"立体效果"上升，这有助于猫头鹰确定猎物的位置。

蚊子：蚊子使用触角上长长的鬃毛来听声音。雄性蚊子的鬃毛比雌性的鬃毛大得多。在良好听力的帮助下，雄性蚊子可以确定雌性的嗡嗡声是否来自与其相同的蚊子种类，这对于成功交配至关重要。

麋鹿：麋鹿的耳朵比人类大60倍。此外，麋鹿的耳朵可以转动，以便它能够直接向前和向后倾听。雄性麋鹿也通过大的鹿角来引导声音到达耳朵。

蜘蛛：蜘蛛用腿上的绒毛来听环境的声音。绒毛捕捉来自靠近的猎物的声音，并帮助蜘蛛抓住它们的猎物。

3. 动物的嗅觉

大象：美国《Genome Research》(《基因组研究》) 科学期刊最新研究发现，非洲象拥有 1948 个嗅觉感受器基因，是所测试的 13 种哺乳动物中嗅觉最灵敏的动物。大象的嗅觉十分发达，能够闻到 100 米外的爆炸物气味，比人类强 2.8 万倍。

蚊子：蚊子的嗅觉感官非常重要，它们要靠嗅觉去找到花蜜、果实或浆果。雄性的蚊子一生都靠果汁生活，而雌性蚊子在接近繁殖期时以血液为食。蚊子用触角上的小的生长物分辨气味，这个小生长物可以捕捉单一的分子。雌性蚊子飞向浓度增加的分子，从而得到它的"胜利果实"。

蝴蝶：蝴蝶只需要 5 个分子就能感觉气味，而人类则需要几百万个。此外，人的嗅觉器官只在吸气时起作用。关于蝴蝶的嗅觉器官研究正在进行中，借用这种研究成果甚至可以帮助人类制造出可以"闻"到地雷的人造鼻子。

4. 动物的味觉

动物和人类一样，也是有味觉的，但动物和人类的味觉差异非常大。人

类舌头上有成千上万的味蕾，鸟类的味蕾则不到 100 个，而生活在海洋里的动物，他们通常全身都有味蕾。在水生动物中，味觉还有助于物种内个体间的信息联系、逃避敌害及异性间的吸引等方面的生理功能。

鳕鱼和欧洲鲶鱼：鳕鱼和欧洲鲶鱼在寻找食物时使用倒钩来品尝海底里的美味。倒钩上的味蕾记录了生活在底部的不同小虫子的味道。

苍蝇：苍蝇通过在盘子上行走来感受食物的味道。事实上它们是用腿来尝味道的。

蛇和蜥蜴：蛇和蜥蜴也用舌头感受味道，但所用方式与我们不同。它们将舌尖一伸一缩，用来捕捉空中的粒子，然后舌头将这些粒子送到口腔顶部的一个特殊器官——犁鼻器，它有嗅觉和味觉功能。

5. 动物的触觉

多数动物的触觉器是遍布全身的，像人的皮肤存在于人的体表，依靠表皮的游离神经末梢来感受温度、痛觉、触觉等多种感觉。触觉对于许多动物来说至关重要，甚至超过视觉、嗅觉和听觉。

蝙蝠：蝙蝠之所以能够飞行自如，除了它具有敏锐的听觉外，触觉也是功不可没的。研究发现，蝙蝠皮膜上的触觉感受器异常灵敏，可以帮助它们保持飞行姿态，捉住在空中四处乱窜的昆虫。

鹬：鹬是一种常见的滨鸟，有非常敏感的喙。由于它们吃隐藏在沙丘中的昆虫，眼睛起不了作用。相反，它们使用长喙作为触觉器官。该长喙的尖端是可移动的，由触觉体组成，帮助鸟儿感受沙丘中的昆虫。

蚊子：蚊子身体上的刷状生长物是感觉温度、风和湿度的触觉器官。

蜜蜂：一对触角是蜜蜂的重要触觉器官，蜜蜂在飞行时通过触角被风吹向后弯曲的多少来调整它们的速度。如果触角弯得太多，蜜蜂就知道是时候放慢脚步了。

主题二　童话探险

　　大自然是最鲜活丰富的教育资源。越来越多的教育者发现在自然空间里进行教育的益处。自然提供给我们多种的可能和用途。在户外，通过给小组分配适合的任务，自然也给大家创造了一个具有挑战和娱乐性的场地，为老师制定教育活动计划提供了可施展的舞台。

　　斯文·甘纳尔·福马克（Sven Gunnar Furmark）是探险式教育（也叫历奇教育或冒险教育）的创始人。21世纪初，探险式教育被作为教育工作者的大学课程。当时Furmark在瑞典吕勒奥大学（Luleå University）担任体育教师，他创造了"探险式教育"这一术语，将体能运动、团队建设和不同的学习方法与学校课程中的学科结合在一起。童话探险是探险式教育的一部分，更多地被幼儿园、学前教育或从事课后儿童教育的老师使用。在瑞典，目前有1000多名教育工作者接受过探险式教育的培训。

　　在探险教学中，自然形成了事件发生的背景。童话探险可以使用自编的故事或从童话书中得到灵感的故事。作为一种森林活动，老师可以把童话探险与幼儿园教育的不同领域结合起来，例如，语言领域、数学领域、科学领域等，让孩子互相合作，完成任务。

　　童话探险总是会从一个虚构的奇幻故事开始，在故事中，告诉孩子们在森林里或附近区域里发生了什么事件，这个事件给森林里的动物或自然环境带来了哪种困难或出现某种需要解决的问题。如一个神秘的人破坏了小动物们居住的森林，并控制了这里，现在孩子们需要完成不同的任务，帮小动物战胜坏人，恢复森林原貌。对于孩子们而言，如果故事是很久以前发生的真实历史事件或者这个"神秘人物"与活动区域有相关联系，那么这个故事会变得更加令人兴奋。

一、主题活动目标

主题名称	结合领域	主要发展目标
童话探险	语言、社会、健康、科学、艺术	语言表达、社会交往与合作、运动技能、创造力、想象力、合作能力
表演故事	语言、艺术	语言表达、想象力、艺术表现
自然景观讲故事	语言、科学、艺术	语言表达、数学思维、艺术创造、感受与欣赏
表演一个事件游戏	语言、科学、艺术	语言表达、科学探究、艺术表现
用动作创作一个故事	语言、艺术	语言表达、倾听理解、艺术创造、运动技能
小小导游	语言	观察与表达、大胆表现
表演词语	语言	语言表达、倾听理解、快速反应
自然物接龙	语言、科学	语言表达、数学思维
你说我猜	语言	语言表达、倾听理解
自然小剧场	语言、艺术、健康	语言表达、艺术表现、运动发展、想象力和创造力
设计自己的童话探险活动	语言、艺术、社会	语言表达、艺术创意、社会交往与合作

二、活动中的安全与风险规避

　　探险活动需要在限定的区域内进行，要把区域的边界标示出来，可以用小丝带、毛线绳或衣夹等标示。对活动区域，老师需要进行实地考察，了解区域环境，观察活动区域内是否存在风险，如地面是否有坍塌的风险；是否有水井、水道、比较深的小河等；地面有没有动物的巢穴，如狐狸穴或獾窝；有没有黄蜂的蜂巢；有没有毒蛇等有毒的动物；有没有针刺类的植物等。详细了解这个区域，制定活动计划和风险规避计划等。可以画出区域地图，标注活动地点。

　　另外，知道在森林中迷路怎么办（章节后有详细说明）。

三、设计一个童话探险活动

（1）童话探险需要以一个虚构的故事为基础，这个故事需要包含问题和解决问题的方案，并在一天的探险活动中以团队的形式一起完成。可以使用幼儿园里常用的主题领域，例如，语言发展、数学理解、体育训练与合作。对于大点的孩子，故事可以以事实为基础，并且有一定程度的真实性。如是基于真实的历史事件，可以提升知识或加深理解。

（2）以自然界或森林作为探险发生的背景或场景。

（3）在森林边上做一个探险的入口，例如，一个标志、一个环状物或树枝上挂起布做的窗帘。

（4）确定一条林间小路，沿着小路两边的地上、柱子上或树干上放一些适合讲故事的物品。如闪闪发光的丝带、小图片、羽毛、彩色的石头或一些令人兴奋的东西，让人感觉是这里已经有人来过或者森林里将有什么事情发生。

（5）沿着路径设置一些地点，每个地点都会有一些挑战性的任务需要团队一起合作才能完成。完成任务后，小组会得到一个线索用来记住这个地点，然后继续去往下一个地点。当所有的小组都找到了所有线索，问题解决，任务完成。

（6）探险任务中，应该有一些元素来对活动进行阻止和破坏，还要有一些激动人心的时刻。可以是一些不时给探险队"制造麻烦的人"，也可以是一些设置好的障碍等。作为一个团队，应该提前决定当遇到这个"制造麻烦的人"时如何应对，如藏在一棵树后让自己变成透明的或者勇敢地走上前向他示好。

（7）3～5 个孩子和 1 个成人组成一个小团队，为任务作好准备。每个团队都会在几种不同情况下进行合作，一起探索和解决遇到的各种问题。要了解团队里每个人的特长，才能更好地配合。要用身体和头脑一起工作，为童话探险作好准备。

团队和组的不同：团队里大家要了解彼此，互助合作。一个团队需要有五个角色：领导者、规则制定者、观察和分析者、鼓舞士气者和记录者。

四、一日活动案例

一日活动计划

8:30　集合与说明（热身活动,制作团队口号,
　　　　确定走路方式）

9:30　休息

10:00　故事导入，童话探险活动

11:15　探险结束小结

11:30　午餐

12:15　表演故事，用自然物创设故事

13:00　回顾与总结

（一）活动目标

（1）培养孩子听故事、看图书的习惯。

（2）锻炼孩子的语言表达能力。

（3）发展孩子的运动技能。

（4）培养孩子的创造力和想象力。

（5）提高孩子热爱自然，探索自然的兴趣以及互助合作的能力。

（二）活动材料

童话故事书（活动中用到的 6 个童话故事），问题卡，鸡蛋盒，姜饼，姜饼卡片，绳子，童话故事主人公图片或布偶，布头，柠檬汁，纸杯，钉子，剪刀，锤子，拼图，纸盒（或塑料盒），勺子，蜂蜜，服装道具，纸笔和坐垫。

（三）活动准备

节拍或口号：每个团队需要起一个名字，并且讨论出自己团队的口号和动作，这样可以鼓舞士气。在进行探险前，各团队把自己的动作和口号展示给大家。

走路方式：每个团队想出一种或几种走路的方式，如大摇大摆地走、一蹦一跳地走、轻轻地走、爬行、四处瞭望地走等。团队成员一起将选择的走路方式表演出来并进行练习，然后每个队相互演示给大家。

开始探险：通过讲述故事引导孩子开始探险。讲完故事，可以问大家，你们是否想要去解决所有的问题，完成所有的任务？然后告诉大家他们需要做什么？

进入探险区域前：需要在一起做一个开始探险的小仪式，例如，手拉手一起进入大门，或使用"时间机器"进入。如果有人害怕，可以拉着老师的手进入。如果发现有的孩子在探险中有情绪或不想参与，老师可以跟着他们回到入口，避免影响到其他参与者对活动的热情。

完成探险：完成探险后可以从入口出来，或者如果准备了另一个出口则可以从出口走出来。整个过程中需要有一个明确的开始和结束。当每队完成所有的任务时，他们需要重复自己团队的口号和动作。

（四）集合与说明

在森林里的集合点集合，介绍一天的活动日程和活动细节，然后开始做一些热身，如介绍大家最喜欢的童话故事是什么？介绍自己并说出一件自己最喜欢的事儿。

组队：孩子们站成一圈，手背在后面，老师给大家每人分发一块童话人物拼图，能拼到一起的小朋友为一队。分到一队的孩子将拼图拼好，说出拼图中人物的名称，比如"白雪公主"。每队给自己起名字，设计自己的探险活动口号和动作等。

（五）故事导入

用讲故事的方式给孩子分配探险任务。

童话仙子

前些天，童话仙子来到我们的森林，我看到她在森林里走来走去，看上去有点困惑又很伤心。

我们问她为何那样悲伤，她告诉我们：一天夜里，她正在睡觉的时候，一个老巫婆骑着扫帚偷偷溜入她的故事实验室（故事屋），把所有的童话故事都撞碎了。老巫婆把所有的童话碎片混合在一起，使得童话仙子忘记了关于每个童话传奇人物的细节，就连故事中一些重要的话也忘了。在此之前，童话仙子是知道所有童话故事的。

后来，老巫婆飞走了，正巧降落在我们的这片森林里，她把童话故事散落在森林里的不同地方，这儿、那儿、树枝上和岩石上。那天我们遇到童话仙子的时候，她正在寻找那些童话的碎片……

童话仙子还给了我们一些问题，我们把这些问题打印了出来。她请我们帮忙找到一些丢失的词语和一些她可能忘记的故事结局……她必须得到完整的故事才能再讲给孩子们听。

今天，正好我们的小朋友们都在这里，多好啊，你们肯定知道很多童话故事，能帮助童话仙子找回丢失的童话。

现在，我们的每个小组都是一个团队，我们要进入童话森林探险，完成任务，找到所有的童话碎片，这样我们才能把它们送回仙子的童话城堡，帮助她记

起所有的童话故事。

　　不过，有一件事大家要注意，就是森林里的老巫婆，她会走来走去，喃喃自语。她觉得整个世界都是愚蠢的，所有的童话都是愚蠢的。也许她是嫉妒，或者想要作她自己故事的一部分，也许她已经是了，只是她自己不知道而已。也有人说，老巫婆可以被一些好听的话或热情的拥抱治愈，大家可以试着这样做看看！

　　如果你们见到这个老巫婆，试着去说一些好听的话，让她感觉你们的友好，感觉世界是美好的，或许她就会把偷走的童话故事还回来了。

　　在遇到老巫婆时，要选择藏起来如躲在树后或是毛毯下，还是正视老巫婆让她感觉你的友好呢？

（六）地点的选择和任务

　　童话路径的入口和出口可以选择在森林的开始处，分别设置在路径的两旁。

　　活动开始前要到活动地点进行详细勘察，制作活动方案，进行风险管控。

　　在选定的空间区域里进行活动，制定活动规则，设置活动边界。

　　找好每个地点后，开始布置场景，把准备好的活动材料和任务卡放到相应的地点上。

1. 地点1——"童话树"

故事：长袜子皮皮（作者阿斯特林德·林格伦 Astrid Lindgren）

放置材料：树上挂一个任务卡，树下放一瓶柠檬水和纸杯，如果有人需要可以品尝。

任务1　队里的每个人需要从周围自然界中找到一个有重量的物品，然后把大家找的物品按从轻到重的顺序在树前排成一排。

任务2　被遗忘的词语

皮皮是世界上最（　　　）女孩。

任务3　皮皮的两个动物

一个　（　　　）和一个（　　　　）

长袜子皮皮的故事

皮皮是个奇怪而有趣的小姑娘，她有一个奇怪的名字：皮皮露达·维多利亚·鲁尔加迪娅·克鲁斯蒙达·埃弗拉伊姆·长袜子。她满头红发，小辫子翘向两边，脸上布满雀斑，大嘴巴，牙齿整齐洁白。她脚上穿的长袜子，一只是棕色的，另一只是黑色的。她的鞋子正好比她的脚大一倍。

她力大无比，能轻而易举地把一匹马、一头牛举过头顶，能制服身强力壮的小偷和强盗，还降服了倔强的公牛和食人的大鲨鱼。她有取之不尽的金币，常用它买糖果和玩具分送给孩子们。她十分善良，对人热情、体贴入微。她喜欢开玩笑，喜欢冒险，很淘气，常想出许许多多奇妙的鬼主意，创造一个又一个的奇迹……赢得了孩子们的喜爱。

2. 地点 2——石板或是平地

故事：Bamse（巴姆斯）熊——世界上最强壮的小熊（作者卢恩·安迪森 Rune Andreasson）

放置材料：几个鸡蛋盒子（有装鸡蛋的小格子），盒子里面装有反义词的图卡。放一罐蜂蜜和一些勺子，大家可以品尝。活动任务卡。

任务 1 根据鸡蛋盒中的单词卡找到一些物品其性质是相反的，如：大和小、粗和细、圆形和多边形、薄和厚、光滑和粗糙、长和短、尖和钝等。

任务 2 比较找到的物品，并且学会区分这些概念：小的，大的，最大的；少的，更少的，最少的；细的，更细的，最细的；厚的，更厚的，最厚的，等等。

任务 3 记住被遗忘的词语

Bamse 小熊因为吃了他奶奶给的（　　）而变得强壮了。

提示孩子们自己品尝一下罐子里的东西，或许会想到答案。

任务 4 团队协力把其中的一个人举起来，每次举一个人，每个人都被举起一次。要非常小心，不要让任何人掉下来，大家在一起的力量是非常强大的！（根据年龄大小可以设置不同的合作游戏。）

Bamse 熊的故事

Bamse 熊是瑞典动画片《Bamse—the world's strongest bear》（《巴姆斯——世界上最强壮的小熊》）里的主人公，他是一只小棕熊，吃了Bamse 奶奶给他特制的 dunde honung 蜂蜜后就变成了世界上最强壮的熊。这种特制的蜂蜜只有 Bamse 和他的女儿 Brummelisa（布鲁梅丽莎）可以吃，如果其他的动物吃到就会肚子痛三天。Bamse 也是世界上最善良的小熊，总是在别人需要的时候帮忙。

动画片中还有其他的角色如小乌龟 Skuttman（绍特曼），他心灵手巧，是个小发明家，发明了各种各样的东西，包括飞船和时间机器。他几乎能从他的胸甲里变出任何东西，连机车、宇宙飞船和大西洋汽船都不在话下！

可爱的小兔子 Lille Skutt（里尔·斯库特）是 Bamse 和 Skuttman 最好的朋友。他是一个做什么都非常快的小兔子，众所周知，还是一只带红色领结"胆小的"小白兔。但是，每当他在乎的人处于危险之中，他总是能战胜恐惧，已经不止一次保护了他的朋友。他跑得飞快，跳跃得高，是村里的兼职邮递员，同时，他还在当地餐厅兼职经理工作！

3. 地点 3——大的攀爬岩石处

故事：蜘蛛侠

放置材料：挂一个绳子做的蜘蛛网，放上活动任务卡。

任务 1　你能爬上这块岩石并且大家同时站在一起吗？帮助彼此通过绳子爬上岩石，大家互相搀扶，试着同时站在石头上 30 秒钟。

任务 2　大家互相帮忙穿过"蜘蛛网"，不能碰到作"蜘蛛网"的绳子，也不能被困在里面。

任务 3　每个人说出一个能帮助其他人的好方法。

任务 4　被遗忘的词语

蜘蛛侠会为人们做很多好事，在他们需要时去救援。一个人如果像蜘蛛侠一样通常会被叫做超（　　　）。

蜘蛛侠的故事

蜘蛛侠（Spider-Man）是美国漫威漫画旗下的超级英雄，由编剧斯坦·李（Stan Lee）和画家史蒂夫·迪特科（Steve Ditko）联合创造，初次登场于《惊奇幻想》（Amazing Fantasy）第 15 期（1962 年 8 月），因为广受欢迎，几个月后便开始拥有以自己为主角的单行本漫画。蜘蛛侠本名彼得·本杰明·帕克（Peter Benjamin Parker），是住在美国纽约皇后区的一名普通高中生，由于被一只受过放射性感染的蜘蛛咬伤，因此获得了蜘蛛一样的超能力，他自制了蛛网发射器，化身蜘蛛侠守卫城市。

4. 地点 4——巨人之桥（山妖之桥）

故事：三只比利山羊（挪威童话）

放置材料：将木棍摆放到一起做成小桥的样子，挂好活动任务卡。需要有一个人扮演山妖，可以穿上租借的服装或自制的服装道具。

任务 1　现在你们就是这些山羊，要用不同的走路方式通过山妖的桥，试着让山妖去做正确的判断。手舞足蹈、跳、跌跌撞撞、四处瞭望、爬行、倒着走等。

任务 2　被遗忘的词语

是谁在（　　　）地过我的桥？

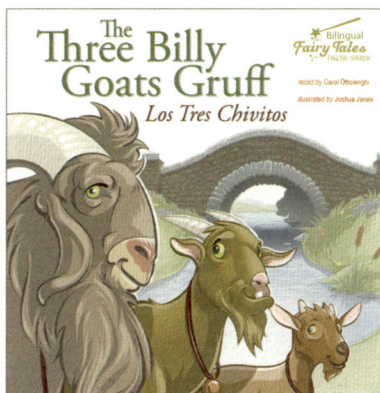

三只比利山羊的故事

从前，有三只比利山羊打算到山上的夏季牧场去，在那里把自己吃得肥肥胖胖的。但是，在去牧场的路上，他们要经过山洞上的一座木桥，而桥的下面住着一个又高又大又丑陋的山妖。他的眼睛像盘子那么大，鼻子比耙子柄还长呢！

最年轻的山羊第一个来到桥边过木桥，他走在桥上发出"吱呀，吱呀"的声音。山妖在下面大声地吼叫："是谁踢踢踏踏地过我的桥？"山羊温和地说："噢，我是那只最小的山羊，我要到山上的牧场去，把自己吃得肥肥胖胖的。"山妖说："别走，我要抓住你！"山羊说："你别抓我，我个头太小了。稍等一会儿，那只中等个子的山羊就过来了，他比我大多了！"山妖想了想说："好吧。"

过了一会儿，中等个子的山羊过木桥了，他走在桥上发出"吱呀，吱呀"

的声音。山妖在下面大声吼叫："是谁踢踢踏踏地过我的桥？"山羊不太在乎地说："噢，我是那只中等个子的山羊，我要到山上的牧场去，把自己吃得肥肥胖胖的。"山妖说："别走，我要抓住你！"山羊说："你别抓我，稍等一会儿，那只最肥大的山羊就过来，他比我可大多了！"山妖想了想说："好吧。"

最后，那只最大的山羊过木桥了，他走在桥上发出特别大的"吱呀、吱呀"的声音。他长得确实很肥大，木桥差一点就被踩断了。山妖在下面大声吼叫："是谁踢踢踏踏地过我的桥？"大山羊很不客气地说："我就是那只大个子山羊！"山妖说："别走，我要抓住你！"大山羊说："来吧，我有两只尖角，能把你的眼睛刺瞎！我还准备了两块大石头，能把你砸得粉身碎骨！"然后，他真的把山妖的眼睛刺瞎了，又砸断了他的骨头，一脚把他踢到洞里去了。

就这样，三只比利山羊在牧场上把自己吃得又肥又胖，几乎连回家的路都走不动了。

5. 地点 5 ——石子铺成的小路

故事：Hansel（翰赛）和 Gretel（格雷特）—— 在巫婆姜饼屋里偷吃的孩子（糖果屋）（格林童话）

放置材料：现在姜饼屋已经倒塌了，巫婆也已经离开，只剩下盒子里面的姜饼，欢迎大家品尝！并且放有纸卡做的姜饼碎片，可以组合到一起，还有几个打乱的姜饼屋拼图和活动任务卡。

任务 1 用 2 块碎块组成一个完整的姜饼。

任务 2 用 3 块碎块组成一个完整的姜饼。

任务 3 用 4 块碎块组成一个完整的姜饼。

任务 4 每队选择一个拼图，把不同的图块拼成一个完整的姜饼屋，并留在这里。

任务 5 被遗忘的词语

没多久，Hansel 和 Gretel 找到了父母的家，他们急忙跑上前拥抱自己的父亲。父亲已经哀悼他的两个孩子很久了，他的妻子——孩子们的继母已经死去。Hansel 和 Gretel 把他们找到的宝物给父亲看，然后他们就（   ）地生活在一起。

Hansel 和 Gretel 的故事

Hansel（翰赛）与 Gretel（格雷特）是一个贫穷伐木工人的小孩。由于担心食物不足，木工现在的妻子，也就是小孩们的继母，说服木工将小孩带到森林，并将他们遗弃。Hansel 与 Gretel 听到了他们的计划，于是他们事先收集了小石头，撒在了沿途的路上，这样他们就能沿小石头找到回家的路。回来后，他们的继母再度说服木工将他们丢在森林。不过这次，他们沿路撒的是面包屑。很不幸，面包屑被森林中的动物吃掉了，害得 Hansel 与 Gretel 在森林中迷路了。

在森林中，他们发现了一个用面包做的房屋，窗户是糖果做的。房子的主人是一个老妇人，她邀请 Hansel 与 Gretel 进入屋内并盛宴款待他们。不过，那老妇人其实是一个巫婆，她建了这个房屋来引诱小孩子，这样她就可以把小孩子养肥，并宰来吃掉。她把 Hansel 关起来，并要 Gretel 为她服务。当她在准备把 Hansel 煮来吃时，她要 Gretel 爬进炉中去确认炭火是否已经准备好，不过 Gretel 猜巫婆是要把她烤来吃，于是她骗巫婆爬进炉中，并把巫婆活活烫死。

在拿走巫婆屋内所有的珠宝后，Hansel 与 Gretel 找到回家的路，并与他们的父亲重聚，这时他们的继母已经去世，从此他们三个过着幸福快乐的生活。

6. 地点 6——大树干旁

故事：Emil of Lönneberga（淘气包埃米尔）（作者阿斯特里德·林德格伦 Astrid Lindgren）

放置材料：剪刀，钉子，锤子，布头，活动任务卡等。

任务 1　捡一些树枝制作木棍人，需要使用剪刀。

任务 2　试着把钉子钉入树干（找附近枯死的树干），用钉子的头在木头上做出一些漂亮的图案。要求钉子的头要贴紧木头，即使坐在上面也不会被扎到。

任务 3　被遗忘的词语

当 Emil 因恶作剧惹得他的爸爸不高兴并冲 Emil 大喊时，他跑到了（　　　）。

Emil 的故事

Emil 和他的家人住在一个叫做 Katthult（卡图尔特）的农场里，这个农场位于距离 Vimobi（维默比）镇几英里（1 英里≈1.6 千米）的 Lönneberga（吕登沙伊德）村。Emili 五岁了，他美丽的头发和蓝色的眼睛让他看起来像天使，但他不是。他异常聪明，喜欢恶作剧，这使他经常陷入困境。

正如他周围的许多人所想的那样，Emil 并非恶意——他根本没有看到他行为的后果。他甚至说："我不是有意去创造恶作剧，它只是就那样发生了。"这些恶作剧包括善意的行为，错误的后果，幼稚的游戏，好奇心，坏运气和单纯的粗心大意。例如，他曾把用于探望亲戚的食物送给了穷人，因为他们更需要这些食物；当他锁门的时候，他设法将他的父亲"意外"地锁在外屋；他让小妹妹自愿地被他吊到旗杆上，让她试试能从那里看到多远；在玩"假装"游戏时，他让每个人都相信他们患有斑疹伤寒。

在大多数恶作剧中，Emil 通过逃跑并将自己锁在工具棚中以躲避父亲对他的愤怒。由于工作棚的门也可以从外面锁上，父亲通常会将他锁在那里一段时间作为惩罚。Emil 平日也喜欢坐在工具棚里，再加上经常被锁在工具棚里，他就用这些时间来雕刻木头小人。他最终累积了 369 个木头小人，还不包括他母亲埋葬的那个，因为她声称它看起来太像乡村教区司铎。Emil 聪明而富有创造力，用非常规的方式思考，成年人容易误解他。

Emil 非常机智。任何类型的农场动物他都敢用手触碰，特别是马。他也很勇敢，曾经救过农场工人 Alfred（阿尔弗雷德）的命。Alfred 因为中毒即将死亡，但是，去往医生家的路上覆盖着厚厚的雪，Emil 无视恶劣的天气，通过马拉雪橇将 Alfred——这个他一直敬仰的人，及时送到了医生家，因此拯救了 Alfred 的生命。

最后，据说 Emil 成长为一个负责任的、足智多谋的人，是一个了不起的人物。

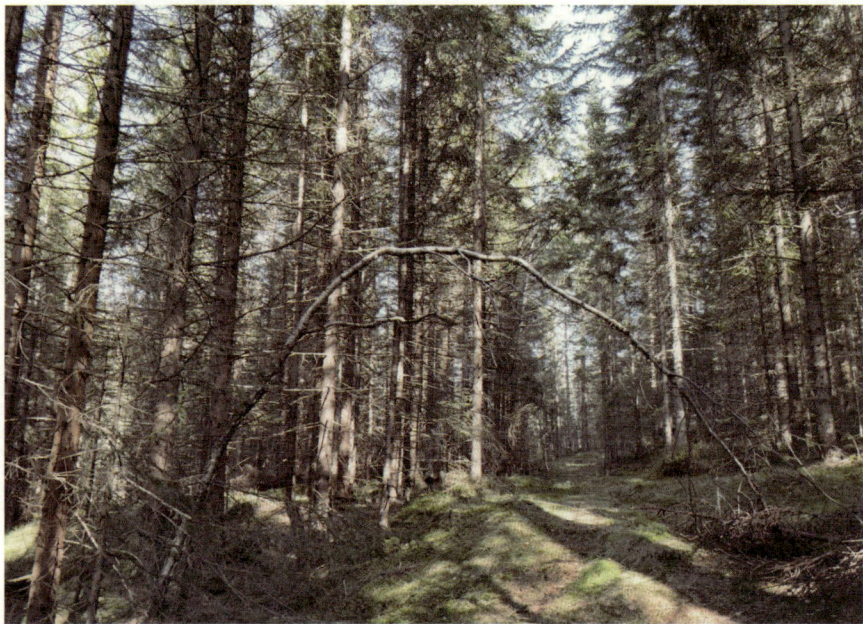

（七）探险结束小结

所有的任务完成后，离开森林前，每队要用植物制作一杯味道鲜美的鸡尾酒。收集自然中的不同物品，把它们放到杯子里，用木棍捣碎并搅拌，让味道发散出来。邀请其他的人去闻你的鸡尾酒的味道。

现在是时候收集所有的物品离开森林了。不要把任何东西留在森林里，而且还要把每件物品还给童话仙子。

然后走出森林出口。每队走出后用自己设计的口号和动作进行庆祝。

（八）表演故事

午餐后，大家集合围成一圈，给孩子们讲一个小故事，让孩子们表演出故事的内容，或者读故事的一半，让孩子们继续想象并表演后面的内容。如果选择后者，最后老师把故事结尾读出来比较两个版本，孩子们应该更喜欢他们自己创造的版本。

（九）用自然物创设故事

孩子继续按原来的团队一起活动，在周围的区域找到一些自然物品，把物品放到纸盒（或塑料盒）里，使用位置概念，如去，从，在顶上，在后面，在下面，在上面等词语来用那些自然物品创作一个故事。用一个盒子的好处是孩子们可以把故事里的物品保存起来以便以后再用。

（十）回顾与总结

活动结束后，大家围坐在一起，进行讨论和总结。

> 与孩子沟通的方式：我们可以用不同的方式与孩子沟通，如通过语言（口头、书写或标识），肢体语言和面部表情。与孩子们用更多的沟通方式，就更有机会与他们进行互动并且更能理解对方。孩子与他人沟通的方法越多，与他人互动和被他人理解的机会就越大。

　　每队成员讲一讲自己遇到的挑战、印象最深刻的事和这一天的经历感受，大家一起分享。回顾一下自己在团队里扮演的角色，怎样克服恐惧，怎样得到鼓励，怎样在不同的情况下进行合作等。老师总结孩子们在童话探险之前有没有作好准备，有没有进行热身活动，他们有没有学到什么新的东西？

五、更多童话探险活动

🌿（一）表演一个事件游戏

目标：科学探究，敢于表现自己。

材料：鸟的图片和自然物。

活动说明：将自然界中的一种现象或一种熟悉的动物（例如，一只鸟）的生命周期用戏剧的形式表现出来。

让孩子收集一些小木棍建造一个鸟窝，还可以把苔藓放到"鸟窝"里。让孩子表演小鸟从鸟蛋里孵出来，鸟的父母给小鸟找食物和喂食，小鸟的第一次飞翔等。然后给孩子展示鸟的生命周期的图片，和他们一起讨论。孩子们不一定能理解生命周期的意义，但可以给他们简单地讲解动物的不同生长阶段。

提问：鸟是怎么飞翔的？

动物小的时候和我们一样吗？

🌿（二）用动作创作一个故事

目标：训练孩子的观察力、理解能力和语言表达能力，激发运动技能，积极参与，乐于表达自己，提高自信和勇气。

材料：无。

活动说明：用动作来讲述一个故事可以激发运动技能，如跑、跳、平衡、爬和滚等。例如，"我们跑着来到一条小河边，河里有小鱼在快乐地游泳嬉戏。岸边有一棵大树，微风吹过来，树枝在风中摇曳。一只小鸟飞过来，停在树上，唱着动听的歌。森林里，一头熊在追赶着一只兔子，熊累得气喘吁吁，兔子却若无其事，一蹦一跳地跑开了。多么快乐的一天！"

一队的孩子把故事用动作表演出来，让其他队的孩子去猜故事的内容，并把故事讲述出来。小点的孩子可以用更简单的故事或一句话来做动作。

提问：别人在表演的时候其他小朋友应该怎样做？

刚才小朋友都做了哪些动作？你能表演出来吗？

🌿（三）小小导游

目标：训练观察力和语言表达能力，大胆表述。

材料：自然物。

活动说明：把班级分成小队，每队由一位老师带领。老师作为领队或选择一个孩子作为领队，领队的人可以举一个小旗子或戴一顶帽子作为标志。

领队带领小组的观察家们往前走，选择不同的点停下来，例如，停在一条小河旁，要向小组的其他人介绍这里都有什么。如，小河里有鱼在游泳，青蛙在跳来跳去，水面上有很多飞虫，还有绿色的水藻等。然后换一个人作领队，继续往前走，在下一个地点停下来作介绍，依次类推。

提问：做个小导游的感觉怎么样？

你觉得如何才能当一个好领队？

🌿（四）表演词语

目标：训练孩子的注意力、快速反应能力和对语言的理解能力。

材料：词卡。

活动说明：老师说一个词语，让孩子用动作表现出来，比如，老师说："拍手"，小朋友就做出拍手的动作；老师说："蹲下"，小朋友就做蹲下的动作。如果孩子们能看懂文字，也可以用词卡代替。随机出示一张词卡，孩子们看到词卡上的词语就做一个动作。这个活动也可以用增加速度或一次做两个不同的动作来增加难度。

提问：怎样才能做出正确的动作？

在做活动的时候小朋友要怎么做才能不影响其他人？

🌿（五）自然物接龙

目标：勇于表现自己，倾听他人，懂得比较和分类。

材料：自然物。

活动说明：每个孩子找一个自然物，然后大家围成一圈，从其中一个孩子开始，说出自己手中自然物的名字，接着下一个孩子说，依次类推。也可以把自然物的名字、颜色或者其他的特征一起说出来。然后让孩子们找一找谁手中的自然物和自己手中的自然物是一样的。把大家手中的自然物放在一起，进行分类，看看有多少种？数一数每种有几个？

提问：你记住了多少种自然物的名称？

你找到的物品和哪位小朋友的是一样的？

（六）你说我猜

目标：训练注意力、语言表达能力和理解能力。

材料：无。

活动说明：两个孩子一组，背对背站着或坐着。一个孩子仔细观察周围环境，把自己看到的物品用语言描述出来，但不能说出名字，另一个小朋友要猜出是什么物品。

提问：你看到了什么？什么东西是你第一眼就看到的？

你能说出这些物品和其他物品的不同吗？

（七）自然小剧场

目标：培训孩子的想象力、创造力，训练社会交往和语言表达能力，能在别人面前大胆表现自己。

材料：自然物。

活动说明：把班级分成小组，每组孩子都去找一些自然物，然后用他们找到的自然物一起讨论，编一个小故事。孩子们扮演不同的角色把各自小组的故事表演出来。

提问：你们找到了哪些自然物品？

你可以用这个物品编一个小故事或说一句话吗？

（八）设计自己的童话探险活动

目标：语言表达、艺术创意、社会交往与合作。

材料：童话故事书。

活动说明：选择一本童话书，认真阅读，用这个故事来设计一个探险活动。老师也可以组织一个童话探险活动设计比赛，看看谁设计的作品最适合，把活动的目标表现得更充分。

提问：在这个故事中发生了什么？

怎样设计一个更好的童话探险活动？

童话探险活动的要素有哪些？

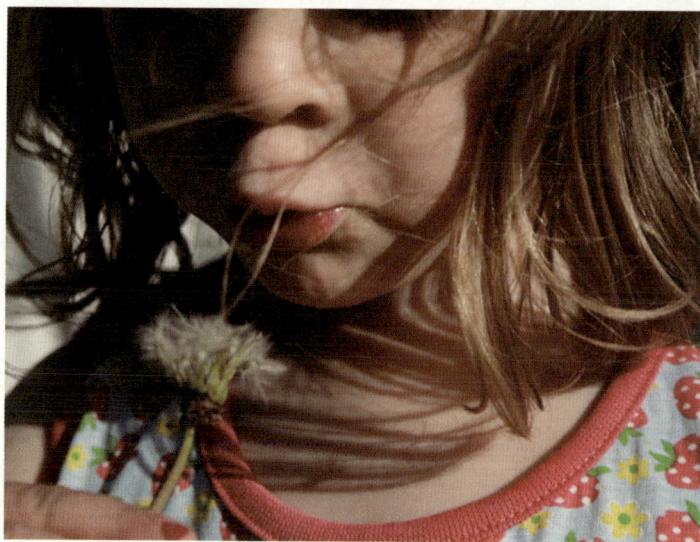

六、拓展阅读

（一）如果孩子在森林里迷路怎么办

首先，教给孩子如果他们不能找到回来的路，找不到他们自己的小组或者在森林里迷失了要如何应对。

（1）头脑里要有一个想法——总会有大人来寻找你！

（2）站在原地不要动直到有人到达，相信他们会找到你的！

（3）如果你等了很长时间也没人找到你，不要担心，因为友好的警察叔叔和可爱的狗狗非常擅长找人，如果听到狗叫声或看到直升机不要害怕，那是他们来找你并带你回家！

在等待大人来找你的时候，还有很多事可以做哦！

去找一些物品，在空旷的地方建造一个大东西（人物或其他），这个大东西可以从直升机上被看到。还可以把3种物品有规律地摆放到一起，比如，大的木棍、石头、长的树枝等，要放在一排，彼此挨着，像下面的样式：XXX III OOO (((=== YYY。因为如果3个3个在一起，说明是有人这样放的，不可能是动物或自然形成的。

找一棵低矮、枝杈浓密的树，如松树，既容易攀爬又有助于避害。也可以在树的周围搭建一个树屋，这样如果下雨可以躲在里面。在地上放一个指向树的标志（把3个树枝放在一起或做一个箭头来指示你藏身的方向），这样人们可以找到你。

让树作为你的朋友！如果你感觉孤单，可以拥抱这棵树，你可以和树聊天，问它叫什么名字，多大了，在它的一生中看到过什么。也可以告诉大树你自己的故事。如果你害怕，就再一次拥抱大树。

用你书包里或兜里的东西来装扮一棵树，让别人更容易找到你。老师可以演示自己的兜里有什么（可以提前放进去一些东西），让孩子们把物品挂到树上，如小反光物品、卫生纸碎片或玩具等。制作一个毛线人拴到书包上也是不错的选择。

在树屋里，用树枝和木棍挨着树干就可以在地上做一个"木头沙发"，因为如果直接坐在地上，湿气和冰冷会从地上渗透到你身上，让人冻僵，所以需要坐在一些可以隔离潮湿的物品上以保持自己干燥。

（二）如何做"木头沙发"

找一些长的树枝，把它们放在树下紧挨着树干。

在这一层长树枝的上面交叉放上一些短的树枝，然后再铺上更多的细树枝，根据你想要的高度做不同的层数。

找到一些干燥的物品放在最上一层，比如松树枝，你可以坐在上面。

保持自己干燥和温暖。如果你累了，可以躺下来睡在你自己做的木沙发上直到有人找到你。

（三）你冻僵了吗

企鹅可以在雪地上站立和行走而不被冻僵，所以你可以像企鹅一样走路，身子僵硬，腿直直的，胳膊垂到两边，两只手向上翘起，小步走动，这样会提升你的心跳速度使你温暖。记住只是走很小的步，没必要跑。

（四）孩子在森林里迷路最危险的事情

弄湿——因为淋雨或地上的水、沟壑、沼泽等而不小心把自己弄湿。孩子们会感觉冷，弄湿身体的温度会快速流失。如果身上落了雪，雪化了会变成水，也会让孩子感觉冷。

溺水——孩子可能会掉到溪流或湖泊里。

冻伤——在冬季，可能引发寒冷或冻伤，让孩子失去知觉或死亡。

所以，我们要教会孩子们穿什么样的鞋子，如何穿合适的衣服来保暖和保持干燥以抵御天气的变化。

在森林里迷路后与其专注于他们应该学到什么不如记住如何去应对！操作指南就是保持镇静、安全和忙碌直到救援的到来。

主题三　虫子的世界

　　这个主题的目的是说明怎样在自然教育中用跨学科的方式教授生物的多样性。虫子这个主题不仅结合了不同的学科，把学习经验搬到自然中，还可以提升体能活动。研究表明，当孩子们在自然中学习不同的主题时，学习的条件会变得更好，他们会获得更好的社会和运动技能。因此，在自然中学习、小组合作、运用所有的感官应该是卓越的学习方法。

　　生物的多样性是地球生命的先决条件。物种丰富度低的生态系统总比物种丰富度高的生态系统脆弱。在物种丰富度高的生态系统中，总有一个物种准备接替某个位置或承接某项生态功能，这些功能由于外界环境的改变（例如，气候变化）而变得可用。为了在努力保护生物多样性方面取得成功，我们首先需要广泛了解这一知识。在这个主题中，我们提供了大量的项目和活动，以促进对生物多样性的学习。

一、主题活动目标

主题名称	结合领域	主要发展目标
小虫子长什么样？	语言、艺术	语言表达、艺术创意、想象力
发现校园里的虫子	科学	科学探究与观察
从人类的视角看虫子	语言、科学	语言表达、科学常识认知
探索小虫子的生活	科学、语言、健康和艺术	科学观察、认知、语言表达、体能运动和艺术创作
捉 7 个虫子	科学、健康、语言	科学认知、比较分类、语言表达
森林模型	科学、艺术	科学探究与艺术创作
虫子饲养箱	科学	科学探究、数学思维
蜈蚣游戏	科学、社会	理解感知、团队合作
蜥蜴接力赛	科学、社会、健康	理解感知、团队合作、平衡和体能运动
蜘蛛的网	社会、健康	科学探究
蜻蜓游戏	科学、社会、健康	科学探究、合作、运动发展
"通缉犯"	科学、艺术	思维能力、理解能力、想象力
"失踪人员"	科学	科学认知、特征理解
做一个土豆陷阱	科学、艺术	动手实践、工具运用、艺术创意
建造瓦楞纸板或塑料瓶陷阱	科学、艺术	动手实践、工具运用、艺术创意
设计自己的陷阱	科学、艺术	动手实践、工具运用、艺术创意
制作吸虫器	科学、艺术	动手实践、工具运用、艺术创意
编织自己的蜘蛛网	科学、艺术	动手实践、工具运用、艺术创意
建造自己的潮虫窝	科学、艺术	动手实践、工具运用、艺术创意

二、活动中的安全与风险规避

关于虫子的主题活动是否具有安全问题和怎样规避，要看在什么地方做活动，例如，在哪里、哪个国家或本国的哪个区域；也需要根据孩子怎么到达这个地方，例如，他们是否需要穿过交通繁忙的道路；还要看孩子们用来收集和观察昆虫、蜘蛛的工具是否按照说明正确使用等。

所以，要怎样才能保证做这些活动时没有危险呢？

（1）了解你们区域内的动植物群，了解哪些生物或植物可能对孩子们有害？

（2）在带孩子去某地做活动前要实地考察。例如，你看到一个黄蜂的蜂巢，要确定孩子们不会去那个区域，或者设置一些标志物或移动围栏等。

（3）在带孩子们去活动地点前，给他们看有害生物和植物的图片，并让他们知道如果遇到这些生物时要如何做。

（4）让孩子知道如何正确使用器具。

（5）户外活动时，要提前做好计划，例如，准备从哪条路走，孩子们过马路时要怎么做，比如，两人一组，手拉手走等。

（6）每次都要带上急救包。

三、一日活动案例

一日活动计划
8:30 集合与说明
9:00 徒步
9:30 点心时间
10:00 收集虫子
11:15 集合
12:15 观察虫子
13:00 回顾与总结

（一）活动目标

（1）感知和发现动物的生长变化、生长条件、外形特征、生存环境和适应关系。

（2）能感知生物的多样性和独特性。

（3）培养孩子亲近大自然，喜欢探究的精神。

（4）培养孩子的同情心和环保意识。

（5）了解自然与人们生活的关系，更加爱护自然。

（二）活动材料

画笔，纸，放大镜，吸虫器，陆地捕网，虫筛，虫子采集伞，铁锹，双向放大镜，白布，培养皿，手提箱，虫子模型，分类容器，昆虫图鉴，关于虫子的书籍和图片等。

（三）活动准备

1. 小虫子长什么样

在开始实地考察前，让孩子说说他们想象中的虫子是什么样的？虫子都有两个翅膀和触角吗？它们有多少条腿？说出几种虫子的名字，并把它们画下来。既可以让他们画特定的虫子，也可以让他们画任何自己喜欢的虫子。等活动结束或几周后主题结束时再画一次小虫子，进行对比。

这项活动有两个目的：首先，通过这个活动可以了解孩子们之前的经验和对虫子的现有认知水平；其次，活动前后绘画的对照，可以看到他们所学到的知识的程度。

让每个孩子反思和总结他的绘画：两幅画中的虫子有什么不同之处？对这个虫子有什么新的了解？在实地考察后画虫子是更容易还是更难了？虫子吃什么，住在哪里？腿是画在相同的地方吗？虫子有没有触角？孩子们的绘画也可用于在虫子主题活动前后的展览。

2. 发现校园里的虫子

鸟类观察者经常会有一个鸟类列表，他们在申请加入有名的 300 鸟类俱乐部时会把观察到的鸟类一个接一个地勾选出来。制作一个虫子列表，让孩子们试试在校园里可以找到多少虫子。将班级划分成小组，并让他们开始虫子猎寻！看看哪些小组能进入 20 昆虫俱乐部（即找到 20 种不同的虫子）。这项活动是对校园生物多样性的一个很好的说明。

还可以组织一些讨论活动，比如如何让更多的物种在校园中定居。

3. 从人类的视角看虫子

我们经常将虫子称为害虫，就像我们视一些植物作为杂草一样。这说明，从我们人类的角度来看，某些虫子或植物是不受欢迎的。然而，害虫或杂草却可能对其他物种的生存至关重要。与孩子们讨论这些问题：你知道多少种虫子？哪些昆虫或虫子对我们有直接的益处？哪些虫子是害虫？对于那些我们认为的害虫，除了作为生物图鉴的一个物种被我们认知之外，还有其他存在的价值或理由吗？

（四）集合与说明

在集合点集合，对活动内容和细节进行说明，然后为开始徒步作好心理准备。可以使用一个小故事或诗歌来激发孩子对小虫子的好奇心。然后可以用昆虫拼图的游戏方式把班级分成小组，给每个孩子分发一个放大镜，可以一直挂在脖子上。

放大镜可以一直挂在脖子上，以便孩子们能及时观察任何他们发现的有趣的东西。

（五）徒步

一次短时间的徒步是让孩子很好地了解这个区域周围环境的一种方法。徒步也为孩子提供了让他们的思绪更专注于手上任务的机会。

指导一组多达 20 名的孩子自然需要让活动有趣、能吸引他们的注意力。其中一种方法是带一个手提箱，装着各种与这个徒步主题有关的物件，如不同虫子形状的布偶，带有大黄蜂巢的罐子、陆地用捕网、一块白布和大型吸虫器等。

在徒步期间，老师可以把手提箱里面的物品倒在白布上，然后将捕网划过草地，用吸虫器收集各种小虫子。吸虫器短管上的过滤器可以防止孩子吞下虫子。

徒步继续，老师可以不断地从手提箱里拿出一些物品给孩子们看，以激发他们谈论可能遇到的动物的兴趣。途中也可以做几次短暂的停留并对遇到的事物做一些评论。徒步结束时请孩子们坐下来一起吃小点心。

箱子里有一个蜘蛛布偶，一个塑料蜻蜓和其他令人兴奋的物品。

（六）探索小虫子的生活

1. 捉虫子的方法

小憩后，是时候给孩子们展示各种收集虫子的方法和设备了。分给每组一个陆地捕网、一个虫筛、一把小铁锹、一把虫子采集伞、一块白布和四个容器，每个孩子一个吸虫器和放大镜。一旦进入森林里，老师的工作就是介绍如何去捉虫子。告诉孩子不要担心会弄脏膝盖或手。

2. 设备的使用方法

（1）吸虫器

许多虫了身体微小且柔弱易损伤，或爬行或跳跃敏捷，用手拣、镊、夹等方法均难以捕捉。而吸虫器捕捉小型或微型昆虫等则很方便，不仅不易损伤虫体，且效率也大为提高。吸虫器不仅可直接从植物上吸取采集，若与虫子采集伞、捕网或扫网、诱虫灯及幕布等工具配合使用则效果更佳。

注意用短管子吸，用另一个长管子捕捉虫子，短管子上的滤网可以防止昆虫进入嘴巴。不要尝试将蠕虫、蜗牛和大虫子吸入，因为他们会卡在管子里。

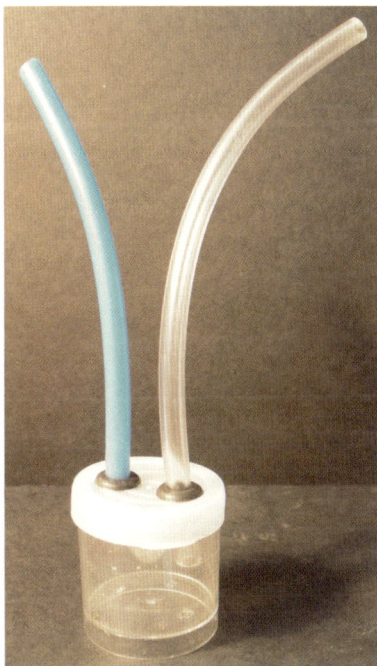

（2）陆地捕网

陆地捕网可以通过前后晃动捕捉草地或菜地的虫子（尝试使用"8"字运动），手快速紧握住网的上方以避免虫子逃走。把落入捕网里面的东西放到一块白布上，用吸虫器来捕捉里面的虫子。不要在水里使用陆地捕网，也不要用捕网去挖地里的虫子。

捕捉草丛中的小虫可用扫网边走边扫荡，扫网作"∞"字形左右来回扫捕。

（3）虫筛

首先，在虫筛底部打一个结，以容纳过滤掉的任何东西。然后把杂物（由或多或少的分解落叶、针叶和其他在土壤表面的植物残留物组成）装入筛子并摇动至少一分钟。最后把过滤过的杂物放回到原处——小虫子冬天需要它来保温。接下来，将虫筛放在白布上，解开打的结，然后使用吸虫器来捕捉上面的一些虫子。

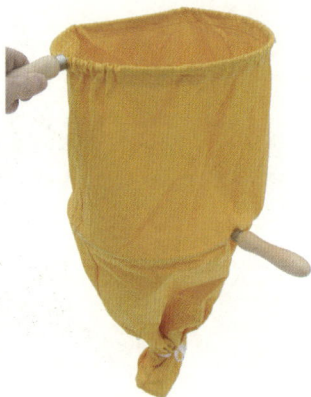

（4）虫子采集伞

把伞倒过来放在一棵树下，摇晃树枝，让小虫子掉落在伞里，然后用吸虫器捕捉小虫，白色的伞效果更好。

（5）白布

白布是用来观察小虫子最合适的工具，同时也为小组一起工作提供了一个方便的工作会议点。大家可以把各自的容器放到白布上，让孩子们集中在一起来检查其中一组的工作进程。

（6）容器

透明塑料材料的容器是很好的选择，因为孩子们需要在不让虫子跑掉的前提下研究他们捕获的虫子。如果缺少容器，胶片盒也是一个合适并且廉价的替代品。每组应至少有4个容器，第一个用来装昆虫，第二个用来装蜘蛛，第三个用来装黏糊糊的爬虫，第四个用来装其他虫子。

分离不同种类的虫子的一个原因是有些爬虫（比如蜘蛛）会不断地吐丝，其他虫子会被丝缠住；一些有毒的黏液会把其他虫子杀死。第二个是让孩子们学会分辨昆虫、蜘蛛和其他虫子之间的区别。

小提示：

至少有两种虫子分类的方法，一是在哪里生活，二是长什么样子。讨论虫子分类的不同方式，孩子们用的哪种分类方式，哪种方式是比较好的。

捕获虫子的乐趣通常与虫子的大小成正比。 这种地面甲虫是体型较大的甲虫之一，受到了很多孩子的关注。

3. 老师的角色

在自然中学习给孩子们提供了用自己的方式解决问题和完成任务的机会。但是，很多孩子不习惯在自然中活动，特别是在自然中上课。这些孩子在这个过程中需要得到支持，老师作为向导和灵感的来源扮演着一个不可或缺的角色。

引导孩子的最好方法是一条腿跪在地上，与他们一起观察和探索。在各个小组间走来走去，看看他们发现了什么虫子。请记住，一个你觉得微不足道的发现可能在孩子眼中就是一个大轰动——要准备好支持这种热情！在与孩子一起分析讨论虫子时，要根据他们的认知水平和手上的虫子，在适当的认知级别上发表评论和提问。

（1）它有多少条腿？

（2）它是哪种动物？

（3）一会儿，我们会用放大镜观察蜘蛛有多少只眼睛。

（4）好好照顾那些小虫子，一会儿我们给其他人看。

（5）它是多于 8 条腿吗？哪种虫子是这样的？

（6）你怎么知道那是一只青蛙？

（7）多么奇怪的一个动物，它能是什么呢？

当孩子问它是什么时，如果用现有的文献很难确定虫子的种类，那么老师们至少应该肯定一下孩子们找到虫子的行为。但是，如果孩子发现了一种容易确认其物种的虫子，请告诉他们你需要在书中查找它。你们可以一起在书中去找到这只虫子。实地考察的目的是练习使用文献来确定物种。

使用文献确定物种在高等教育中也很重要。虽然没有办法去学习所有不同的物种，但是，为了加快确定昆虫名称的搜索过程，了解所有动物的大群分类和查看文献是有很大帮助的。

当然，如果你不知道某一虫子的名称，去书中寻找也是必要的。不要担心不知道孩子们找到的每种虫子的名称——很少有东西可以让孩子比找到老师以前从未见过的虫子更令人兴奋的了。学习了解新的虫子对老师来说也是一件令人兴奋的事。

当孩子失去兴趣时——一个简短的解决问题指南

每隔一段时间你就会遇到厌倦了收集虫子的孩子，原因通常是以下三种。

（1）孩子们因为找不到任何虫子而感到厌倦。通常，这是因为他们一直在错误的地方或用错误的方式寻找。

解决方案：询问他们是在哪里寻找虫子，然后和他们一起去那个地方看看。一个没有动物生命的地方，这本身就是一个令人激动的发现！

（2）孩子们认为他们已经厌倦了，实际上是他们害怕虫子。

解决方案：跪在地上，与孩子一起寻找石头下的虫子。用你的放大镜观察虫子，用你自己发现的乐趣打消孩子的恐惧或疲倦。要对孩子的反应有敏感的观察力，然后一起搬起下一块石头。

（3）孩子因为不知道该怎么办而变得疲惫不堪。通常，这是因为老师在说明时他们没有注意听。

解决方案：向他们介绍可用的收集昆虫的方法或让他们向其他小朋友学习。

4. 观察虫子

午餐后，是时候对虫子做一个近距离观察了。放大镜、双向放大镜和立体放大镜给孩子们开启了一个新世界。把找到的虫子分类，对照图鉴进行探索，确定虫子的种类。也可以把虫子画下来或拍照片。

（1）立体放大镜

把小虫子放在一个有盖的培养皿中，放大20到40倍研究，一个新世界开启了。可以根据条件把放大镜与电脑或电视屏幕相连，便于幼儿观察。

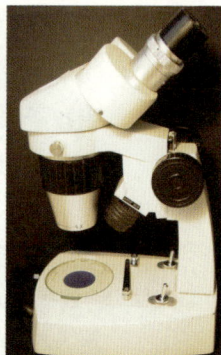

（2）双向放大镜

把虫子放到一个双向放大镜里，可以从上面和侧面观察虫子。

（3）图鉴

图鉴是很好的用来探索、研究虫子的工具。把找到的虫子分类后，根据图鉴去进行对照，找不同虫子的种类，最后找到是哪一种虫子。孩子们非常喜欢这种自己探索发现的方式，既有趣又令人兴奋。

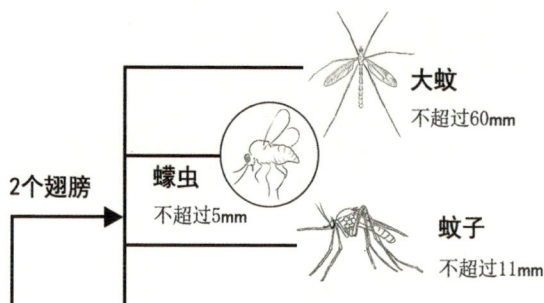

大蚊
不超过60mm

蠓虫
不超过5mm

2个翅膀

蚊子
不超过11mm

（4）虫子模型

一天活动结束的最好方式是一起讨论那些找到的虫子。大型的虫子模型是很好的讨论工具。虫子有多少条腿？多少只眼？多少个触角？当孩子们通过放大镜观察时又有什么样的发现？这些发现和模型一致吗？

（七）回顾与总结

在自然中学习不只是做活动，也要进行反思、分析、总结、沟通和使用基础的概念。

和孩子们进行对话是非常重要的，这样孩子们会有机会学习他们经历过的不同概念的新词语。这些词语可以帮助他们对其经验和观察到的事物进行反思。对话可以是老师和整个班级之间的，也可以是老师和某一个孩子的，或者孩子与孩子之间讨论沟通，老师只是旁听，适当地提出一些问题来使讨论的内容更丰富。通过倾听孩子的想法，老师可以判断他们是否对事物理解了，是不是有不明白的地方。如果有，老师必须以另一种方式解释比如做一个实验来让孩子更清楚。

当老师和全班的孩子对话时，要让每个孩子都有机会表明自己的想法。所以，当问孩子们一个问题时，让大家都自己先想一下，然后让他们两人一组讨论。讨论结束后，孩子们可以向全班来分享自己的想法。

老师不一定总是有时间和整个班级都进行讨论，如果只是让举手的孩子来说，那么在有人回答前，老师可以多等几秒钟让没有举手的孩子能有时间在心里说出自己的答案。

如果大点的孩子能写，让他们把思考和总结写到纸上或电脑上。小点的孩子可以画出来或用黏土和其他不同材料创作出来。

还有前面提到过的让孩子在实地考察前后把虫子画下来也是不错的方法。绘画可以直观地展现出孩子们通过剖析虫子获得的知识，如下面的两幅画，可以明显反映出实地考察后孩子们学到了什么。

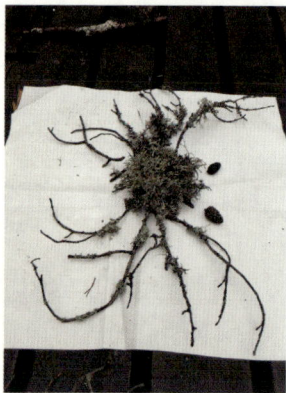

所有年龄段的学生都可以思考在大自然中选择不同的材料进行创意来思考和总结。这些创作只会存在很短的时间便会重新回归自然。如果把创作的作品用拍照的方式记录下来就可以方便后面在室内继续进行思考和总结。

相机是收集户外经验和户外观察的好工具。在室内，孩子们可以讨论或画出（写出）对所拍摄照片的想法。通过对照片的思考可给自然中的实验和观察或小型科研项目提供新的想法。

（八）实地考察活动结束后所做的练习

1. 捉 7 个虫子

目标：识别以前看到的虫子，理解虫子的生存环境，知道如何分类。

材料：收集盒或容器，吸虫器，虫子采集伞等。

活动说明：让孩子们收集 7 种不同的虫子，如蜘蛛、蠼螋（qú sōu）、潮虫、盾蝽（dùn chūn）、苍蝇、千足虫和弹尾虫。这个活动可以单独进行，也可以分组进行。每个小组需要 7 个容器或一个有 7 个隔断的盒子。活动也可以变成一场比赛，或者只是作为一个趣味虫子追捕游戏。还可以通过变换搜寻的场地如校园或森林来改变游戏。这样可以练习识别之前看到过的虫子。孩子们需要知道虫子的样子和在哪里可以找到它们，例如，它的首选栖息地。与此同时，孩子们还会有大量的运动、寻找和讨论。可以通过改变活动的难度来适应孩子的知识水平。

提问：在哪里找到的这些虫子？它们生存的地方是什么样的？

你对这些虫子有了什么新的了解？

2. 森林模型

目标：理解动植物的形状和生存环境，用自己的想象力进行艺术创作。

材料：黏土，废旧材料等。

活动说明：增强孩子对动植物形状和大小理解的方法之一是使用三维模型。自由选择材料和艺术技巧来制作动植物的模型。如黏土做的虫子可以生活在由再生纸、香水瓶和其他廉价材料制成的森林中。每个小组都可以模拟自己所做虫子的群落生存环境，然后一起讨论不同虫子的生存环境，它们生存需要什么样的条件等。

提问：小虫子生存需要哪些条件呢？需要多大的空间？

昆虫有多少条腿？有触角吗？它们的眼睛是什么样的？

3. 虫子饲养箱

目标：观察虫子的群落生存环境，了解不同虫子的生存所需，培养同情心。

材料：纸箱或塑料盒，收集虫子的工具和自然物。

活动说明：在班里和孩子一起建造一个虫子饲养箱，或者分成小组，每个小组做一个自己的虫子饲养箱。在这个饲养箱里模拟他们找到的虫子的群落生存环境。有些虫子可能在几平方厘米的空间就能长时间存活，而其他虫子需要更多的空间。有些虫子在不同的生命阶段可能对生存环境有不同的要求。

提问：虫子在饲养箱中生存需要什么？ 需要多大的空间？

怎样能让虫子更好地生长呢？

一段时间后，孩子们观察到饲养箱里的虫子有什么变化？

四、更多关于虫子的户外活动

（一）蜈蚣游戏

目标：培养团队的合作精神和注意力，了解蜈蚣的爬行方式。

材料：无。

活动说明：将班级分为四组，每个小组都假装成一只蜈蚣，尽可能快地从起点移动到提前商定的终点。

每组孩子排成一列，每个孩子将手放在前面小朋友的肩膀上，除了最后一个孩子外其他的孩子都闭上或蒙上眼睛，最后方的孩子必须通过向前方发送信号来控制"蜈蚣"（发送信号的方式需要每队提前商议）。比如，捏一下右肩意味着向右转，捏一下左肩意味着向左转。在活动期间，大家都不能说话，只能靠动作依次传递信号。

为了使游戏更复杂，还可以添加其他信号，例如，停止或跨过大石头，还可以通过改变每组人数来控制游戏的难易程度。

提问：你觉得"蜈蚣"怎样才能更快更稳地向前爬行呢？

如果一个小朋友没听指挥会发生什么？

（二）蜥蜴接力赛

目标：合作，平衡，理解动物的爬行方式。

材料：接力棒。

活动说明：将班级划分为四个小组，如森林蜥蜴、沙滩蜥蜴、大蜥蜴和飞龙蜥蜴。提前确定每只"蜥蜴"要跑的距离。一只"蜥蜴"由两个孩子组成，一个孩子站在另一个孩子的后面，双手放在前面孩子的肩膀上或围绕着他的腰部。大约50厘米长的接力棒夹在两个孩子的小腿之间。为了向前移动，一个孩子将移动他的左腿而另一个孩子需要移动他的右腿，反之亦然。这就是蜥蜴行走的方式。如果接力棒掉落，则允许将其拿起来重新放回小腿间。"蜥蜴"完成他们要跑的距离后，将接力棒交给下一对孩子。

提问：蜥蜴是怎么爬行的？

怎样才能不让接力棒掉落？

两个小朋友需要怎么配合才能完成这个活动？

🌿（三）蜘蛛的网

目标：注意力训练，团队合作精神，了解蜘蛛是如何捕捉昆虫的。

材料：绳子，铃铛。

活动说明：这是一项经典的团队建设活动。在几棵树之间用绳子绑成蜘蛛网的形状，"蜘蛛网"中的每个开口必须足够大以使孩子穿过。老师扮演蜘蛛，或由一个孩子扮演成蜘蛛，其他的孩子们扮演成昆虫。扮演昆虫的孩子要在不碰到"蜘蛛网"的情况下通过它，所有"昆虫"都要穿过"蜘蛛网"而不被抓住。如果有"昆虫"在经过时碰到网，"它"就会被"蜘蛛"吃掉，必须重新开始。

为了增加活动的难度，老师可以把轻轻一碰就响的铃铛挂在"蜘蛛网"上。或者让"昆虫"在穿越"蜘蛛网"时带上一杯水并且不能溢出。也可以根据难度在不同的开口处设计分数点，等全部通过"蜘蛛网"后计算哪组得分最高。

提问：蜘蛛是怎么捕捉昆虫的？

你有没有观察过蜘蛛网，它是什么样的？

如何通过"蜘蛛网"而不被抓到呢？

🌿（四）蜻蜓游戏

目标：了解蜻蜓从幼虫到成虫的变化，训练注意力和快速反应的能力。

材料：绳子，松果。

活动说明：将活动场地分为两个区域——水域和陆地。以某种方式标记水陆之间的边界，例如，用绳子。把班级分为两组——小鱼和蜻蜓幼虫。每个扮演"小鱼"的孩子两只手上各拿一个松果，而"蜻蜓幼虫"则什么都不带。

"小鱼"和"蜻蜓幼虫"的活动场地都在水域。"小鱼"走来走去做游泳的动作，而"蜻蜓幼虫"做拍手的动作（以显示它们有一个可以向前突击而捕捉猎物的下唇）。"蜻蜓幼虫"必须追逐并抓住"小鱼"。当"小鱼"被捉住时，需要交出一个松果给"蜻蜓幼虫"。失去两个松果的"小鱼"会变成"蜻蜓幼虫"并继续玩耍。当"蜻蜓幼虫"获得两个松果时，就会成长为一只"蜻蜓成虫"了。

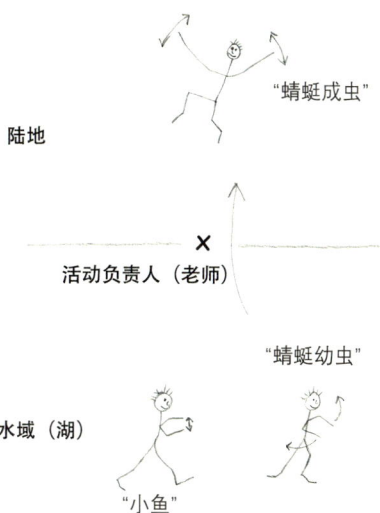

"蜻蜓成虫"在陆地区域飞来飞去，孩子们同时拍打他们的手臂以模拟翅膀的运动。这样做直到两只"蜻蜓"相遇并通过相互交换松果来交配。在此之后，"蜻蜓"会死亡，但孩子会回到水域活动区作为"小鱼"继续游戏。

失去两个松果的"小鱼"变成"蜻蜓幼虫"并继续玩耍。可以通过观察不同的"蜻蜓幼虫"与"小鱼"的比例或通过改变松果的数量来变换游戏。

提问：蜻蜓的幼虫和成虫一样吗？幼虫生活在哪里？

蜻蜓的幼虫靠什么为食？成虫以什么为食？

你还知道哪些昆虫幼虫也是生活在水里的？

（五）"通缉犯"

目标：了解虫子的特征，根据特征的对比找到相同的虫子，发展幼儿的思维能力、想象力和大胆表现的能力。

材料：虫子通缉海报。

活动说明：向孩子发放"虫子通缉海报"是激发孩子们寻找虫子意愿的好方法。通过这种方式来描述"通缉犯"的样子会让寻找变得更加生动和有趣。一张通缉海报应该包括一个虫子的素描图以及一个谜语式的说明。下面是

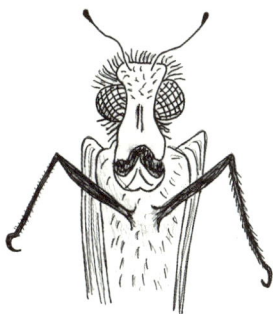

关于盾蝽的说明样例。

"在作案期间，通缉犯常穿着绿色的衣服，但有时也被看到穿有棕色或红色条纹服装。罪犯有一副防身的盾甲，最后被看到的时候坐在一片浆果丛中。这名罪犯是因为在公共场合制造臭味而被通缉的。"

提问：你是通过什么方式找到盾蝽的？

仔细观察盾蝽和你听到的描述是一样的吗？

盾蝽的最大特点是什么？

（六）"失踪人员"

目标：认识常见的昆虫，根据描述找到相应虫子，了解虫子的主要特征。

材料：无。

活动说明：关于盾蝽的活动，还可以通过让小朋友帮忙寻找失踪人员的方式来进行。

给孩子们的描述："失踪者最后一次被看到时穿着绿色或棕色或红色条纹衣服。由于我们无法确定它的年龄，因此不知道失踪者是否有翅膀。以前的努力寻找因为它行走速度快得不可思议的大长腿而受到阻碍。失踪者还可以使用比它自己身体更长的触角来探测周围环境中的人。然而，失踪者有一个弱点，即难以保持安静，特别是在晚上和深夜。如果一切寻找都失败了，你需要化身成为'鼻子很长的女巫'——据说失踪者经常在公共场合制造臭味，找出它的藏身之处。"让孩子根据这些信息去寻找盾蝽。对于小一些的孩子，可以用更简单的语言把虫子的特征说出来。

提问：你见过这种虫子吗？

它为何跑得很快呢？

它们喜欢在什么时间活动？

（七）做一个土豆陷阱

目标：学习制作土豆陷阱收集小虫子，提高动手能力；围绕主题，引导幼儿大胆实践，提高创造力和想象力。

材料：土豆，钉子，水果刀和削皮器。

活动说明：将土豆切成两半并掏空后摆成原状，用几根钉子将它们固定在一起。在土豆的侧面切出一对开口，并把土豆的下半部分埋在土里，使开口处于地面上，这样一个土豆陷阱就做好了。过一段时间，就可以打开收集里面的小虫子了。

提问：虫子为何会喜欢土豆陷阱？

土豆陷阱还可以怎么做？

还可以用其他的什么蔬菜或水果来代替土豆呢？

🌿（八）建造瓦楞纸板或塑料瓶陷阱

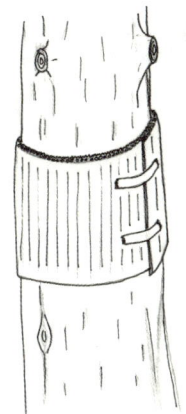

目标：知道材料如何使用，提高动手能力。

材料：瓦楞纸，空塑料水瓶，刀子，胶带或钉书钉，吸虫器。

活动说明：先把一块瓦楞纸板绑在树上，如左图，这更像是一个隐藏的地方，而不是陷阱。虫子会爬进纸板下以寻求保护。清空陷阱时需要使用吸虫器。

漏斗陷阱可以用罐子和漏斗来制造，也可以尝试使用塑料瓶，如右上图。切掉瓶子的锥形顶部，将其倒置，开口朝内放入瓶中。使用胶带或钉书钉将两部分固定在一起。将陷阱埋入地下，使顶部位于地面之上。还需要在陷阱上方建一个防雨棚，这样可以防止进入陷阱的虫子被水淹到。

提问：怎样设计你的瓦楞纸陷阱才能让更多的虫子喜欢？

漏斗陷阱收集虫子的时候要注意什么？

陷阱建造原则：
必须保证虫子不会被伤到或死掉；
必须每天清理陷阱；
收集虫子结束后不要把陷阱留在外面，要收起来放好。

🌿（九）设计自己的陷阱

目标：根据设计进行制作，掌握制作技巧，培养创新能力；

体验探究与制作的乐趣；

学会分享与合作，体验成功的快乐。

材料：废旧材料，纸，笔。

活动说明：孩子喜欢设计自己的陷阱，这是结合生物学、艺术和手工艺以及科技的好方法。再生垃圾通常可用来当作材料。怎样设计陷阱取决于动物的大小，生活的地点，吃的东西，等等。这意味着孩子需要了解他们想要捕获的虫子，以便建造一个有效的陷阱。还可以自己来设计地图，标记他们放有陷阱的位置。最后来比较谁捉到了最大的虫子？谁捉到了最长的虫子？谁捉到了爬得最快的虫子？谁捉到了颜色最丰富的虫子？谁捉到了最可怕的虫子？

提问：什么样的陷阱虫子最喜欢？

把陷阱放在什么地方会捕捉到更多的虫子？

🌿（十）制作吸虫器

目标：制作吸虫器收集虫子，体验动手制作的乐趣。

材料：食物罐，塑料管，创可贴。

活动说明：右面图中的昆虫吸虫器是用幼儿的食物罐和塑料管做成的。首先，在食物罐的盖子上挖两个洞，然后把塑料管粘到盖子上把洞盖起来。用创可贴把短管伸入瓶内一端的洞贴起来，这样创可贴可以作为滤芯。小朋友可以充分运用自己的想象力，把吸虫器做成不同样式和尺寸，当然，要保证能把虫子吸进来而不伤害虫子。

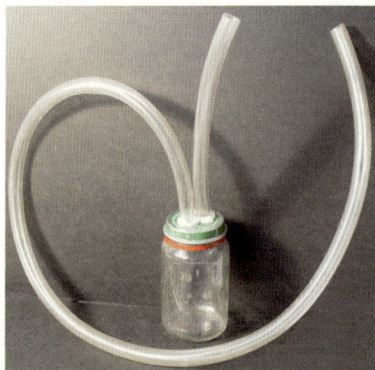

提问：吸虫器的长管子和短管子都是用来做什么的？

为何需要加上滤芯？

你还可以做成其他形式的吸虫器吗？

🌿（十一）编织自己的蜘蛛网

目标：培养孩子的观察力、想象力、创造力和动手实践的能力，了解蜘蛛的生活和捕食特性。

材料：尼龙线或毛线。

活动说明：夏季即将结束秋天即将开始的时候是到大自然观察蜘蛛网最好的时间。带孩子一起去大自然观察蜘蛛网和蜘蛛的生活，观察完后，让大家思考蜘蛛是怎么织网的，然后让他们用尼龙线或毛线在两棵树或树枝之间创造自己的蜘蛛网。蜘蛛网可以使用不同的技术做成不同的大小，还可以让孩子进行一场自己制作的蜘蛛网展览。

提问：你们知道蜘蛛是怎么织网的吗？

蜘蛛的网是做什么用的？

在什么地方能比较容易找到蜘蛛呢？

🌿（十二）建造自己的潮虫窝

目标：通过饲养潮虫的实验活动，让幼儿了解潮虫的生活方式；培养耐心、观察力和动手能力。

材料：土豆，有盖的罐子，树叶，水。

活动说明：让孩子在幼儿园周围收集潮虫。将一个土豆内部挖出一些"隧道"后放入一个大点的罐子里，土豆里的"隧道"作为潮虫的藏身所。放一些树叶到罐子里，在罐子的盖子上打上气孔，到罐子里，在罐子的盖子上打上气孔，然后把潮虫放到罐子里，盖上盖子。每隔 2 ～ 3 天用水喷洒叶子，注意不要喷太多水，小心水会聚集在罐子的底部。潮虫吃掉旧的叶子后，再放入新的叶子。试着放入不同的叶子，看看潮虫会吃哪些叶子，不会吃哪些叶子。在冬季，如果很难找到树叶，也可以使用卫生纸作为替代品。

　　提问：你知道潮虫喜欢什么样的环境吗？

　　　　　它们喜欢在亮的地方还是暗的地方？

　　　　　潮湿的还是干燥的地方？

　　　　　潮虫喜欢吃什么食物呢？

　　　　　它们最喜欢哪些叶子呢？

　　　　　你们觉得怎样才能让潮虫生活得更好呢？

五、虫子主题项目

（一）养殖潮虫

养殖虫子的难度在很大程度上取决于选择的是哪个种类。潮虫是对养殖条件要求最低的虫种之一。它们容易捕获，不介意生活在玻璃罐中，除了保持供应给它们湿润的棕色树叶之外，几乎不需要更多的照顾。

把班级分成几个小组，并为每个小组分配任务，为潮虫创建合适的家园。要求必须能够使潮虫至少存活 6 个月。为解决这个问题，孩子们必须找到很多问题的答案，例如，什么是潮虫？它们生活在哪里？它们吃什么？它们能吃多少？它们喝什么？它们喜欢什么温度？它们需要多少阳光（光线）？它们需要多大的生活空间？它们有天敌吗？它们的幼虫看起来像什么？它们需要注意什么？

孩子们需要对这个项目进行可行性研究。每个小组的孩子需要清楚他们的集体知识库并搜索所需的其他信息。收集到足够的信息后，小组必须就开始的假设达成一致：哪些是他们将要做的，哪些是他们期望的结果。

完成项目的理论部分后，就可以亲自动手实践操作了，例如，开始捕捉潮虫并为它们建造房屋，这使孩子有机会将他们的理论知识付诸实践。照顾潮虫也是对孩子知识的考验，对孩子学到的东西的证明。当然，光有理论知识还不够，还必须培养孩子对虫子的同情心，努力为它们提供美好的生活。

老师必须定期跟进每个小组的进度，以避免潮虫的生命处于危险之中。在项目结束时，对成果进行讨论也是非常重要的：项目开始时的假设是否正确？为什么有些组比其他组做得好？我们对潮虫是不是有了更进一步的认识？

该项目的另一个好处是它本质上是跨学科的。例如，在计算潮虫的数量和计算增长率时需要数学。你可能还想了解每月一只潮虫需要吃多少叶子以及制造了多少土壤？你的想象力是提出潮虫数学问题的极限。

养殖潮虫的好处：

1. 将理论知识付诸实践。
2. 孩子可以设计自己的问题，并优先处理他们认为重要的事情。
3. 养殖潮虫是简单直接的，可以在任何幼儿园和学校完成。
4. 拓展孩子对动物栖息地和生态学知识的了解，这是了解我们环境问题的先决条件。
5. 养殖潮虫也演示了分解过程和虫子的生命周期。
6. 表现出同情心。
7. 许多科目可以很容易地融入到项目中。
8. 通过这个项目的工作有助于小朋友获得多种学习方法，增加了找到适合他们自己学习方式的可能性。

（二）孔雀蝴蝶的培育记录

春天是万物生长的季节，孩子们在野外活动，特别喜欢追逐从身边飞过的蝴蝶。它们形态各异，五彩缤纷，体态轻盈，翩翩起舞，深深吸引着小朋友们！和孩子一起培育蝴蝶，了解它们是怎样从丑丑的幼虫幻化成美丽的蝴蝶的。在培育的过程中，引导孩子了解蝴蝶的主要种类、生活习性，记录蝴蝶的生长过程，激发孩子对大自然、对昆虫界的探索兴趣。

1. 观察记录

第1天

7月4日，我们带回了一棵带有30只孔雀蝴蝶幼虫的刺荨麻。每只蝴蝶幼虫长约1.5厘米。一个曾经用于种植紫菀（wǎn）的迷你温室将成为我们的小蝴蝶幼虫的新家。我们在温室的底部填上报纸，盖住小孔。

迷你温室

将刺荨麻种植在一个装满水的小盆里，放入迷你温室。要保证没有较大区域的水面，防止幼虫掉下来淹死。从温室顶部悬挂一条创可贴的胶带，为幼虫提供了一个方便结茧的地方。然后，我们关上了温室，并用胶带粘贴好幼虫可能逃脱的所有大裂缝。

第2天

7月5日，为蝴蝶幼虫提供更多的食物——刺荨麻。在将新植物放入温室之前，需要先将它们放置在水里 10 分钟左右以清除上面的寄生虫。然后将幼虫用镊子轻轻移到新的刺荨麻上。在这个过程中刺荨麻会分泌一种绿色的液体，里面含有具有刺痛作用的荨麻细胞，这让人有点恼火。取下胶带并更换新的。

第 4 天

7 月 7 日，我们已经将操作扩展到两盆刺荨麻。刺荨麻必须弯曲一点才能放进温室。我们还更换了温室底部的报纸，因为那里聚集了大量的排泄物。蝴蝶幼虫已经长到被捕获时的 2 倍大小。温室的底部覆盖着过去几天幼虫脱落的皮肤碎片。我们观察到一些幼虫的生长速度不如其他幼虫快，并且有一只幼虫已经死亡。

第 7 天

7 月 10 日，经过几天收集更大更多的刺荨麻花束后，我们回到家中，发现温室里的一只幼虫看起来毫无生气。我们的第一个想法是它可能要死了，但后来我们看到它倒挂在刺荨麻上，这是幼虫成茧（蛹）阶段的一个正常的过程。一只像蜗牛一样的寄生物从一只幼虫的肚子里爬出来。这个寄生物一旦离开宿主，就立即开始织起看起来像一个小棕色鸟蛋的茧。

第 8 天

7 月 11 日，第一只幼虫已经结成茧（蛹），在接下来的几天里，其他许多幼虫都效仿它，相继成茧。寄生物也从寄主肚子里爬出成茧。

第 11 天

7 月 14 日，最后一只蝴蝶幼虫成茧（蛹），使茧（蛹）的总数达到 17 个。事实证明，创可贴胶带根本不像刺荨麻的叶子或温室的屋顶那样受欢迎，是一种不必要的装置。从幼虫肚子中共出现 12 种寄生物。这些寄生物中有两种与其他的物种不同，这一事实可以从茧（蛹）的不同形状和颜色中推断出来。

第 18 天

在过去的一周里，除了偶尔听到茧的响声之外，没有太多变化发生。然而，7 月 21 日，第一只孔雀蝴蝶从它的茧（蛹）中爬出，这让人无比兴奋！这只蝴蝶也就是从最先成茧的那只幼虫变化而来的。

第 19 天

在 7 月 22 日的早上，温室里已经有 9 只全部孵化好的蝴蝶。在这一天，我们把这 9 只蝴蝶放飞到外面去享受美好的天气。

第 24 天

7 月 27 日，我们放飞了剩余已经羽化的 17 只蝴蝶。除去没有羽化的那只，我们一共成功羽化了 27 只蝴蝶，算是不小的收获。

2. 结论与思考

对繁殖孔雀蝴蝶的最深刻的记忆绝对是看到倒置悬挂在温室顶部的蝴蝶幼虫的皮肤从头部裂开卷向尾部。之后，绿色的茧（蛹）甩掉幼虫的皮肤，在温室的屋顶悬挂一个星期左右，蝴蝶就羽化出来了。至此，我们就了解了蝴蝶从茧（蛹）到成虫羽化的过程以及它持续的时间。

在我们看来，把刺荨麻放在水中清除上面的寄生虫是不必要的，因为当我们收集到这些蝴蝶幼虫时它们已经有 1.5 厘米长并且许多已经被寄生虫感染。我们了解到寄生虫是在蝴蝶幼虫发育的早期阶段就已经产卵。如果你带来的是蝴蝶的卵而不是幼虫，那么清除刺荨麻的寄生虫会变得更加重要。

但是，寄生虫也是很有趣的，因为你并不知道它们会长成什么。在我们的案例中，直到第二年春天才得到答案。在一个很酷的地方（温室）度过了冬天，寄生虫茧中出现了两只锯蝇，其他寄生虫没有发育成它们自然的形态。这个结果也具有明显的科学价值，并且可以使用下图进行统计和数学分析。

> 30 只幼虫的孵化成果：
>
> 27 只孔雀蝴蝶；
>
> 1 个幼虫，死亡；
>
> 2 个茧，死亡；
>
> 10 个寄生物，不知名品种；
>
> 2 个寄生物，锯蝇。

（三）昆虫旅馆

1. 目标

让孩子认识更多的昆虫，了解它们是如何生活的，它们为什么对自然如此重要，为什么我们需要保护它们；知道自然是一个整体，植物和动物是彼此依靠生存的。

2. 活动说明

我们发现一些昆虫的生存变得更加艰难，其中一个原因是因为人类从很多方面改变了昆虫的生存环境。这也是为什么我们要在幼儿园和孩子们一起建造一个昆虫旅馆来帮助昆虫更好地生存下来的原因。孩子们对昆虫都是非常感兴趣的，所以每次我们发现昆虫后应该和他们讨论更多关于昆虫的知识，并且可以一起通过查阅书本或网络来学习、了解更多。

3. 建造昆虫旅馆

昆虫旅馆可以用一个旧酒箱来建造。孩子们可以先用彩绘来装饰这个酒箱，然后把空心的枝干，树上掉下来的细枝或打了洞的木块等填充进去。涂色，收集材料，把木棍截成适合箱子的尺寸等，让孩子们参与建造的每一步。

为保证安全，在木块上打洞应该由成人来操作。箱子上面和前面的铁丝网也需要由成人来制作。最后，孩子们可以用不同的材料做成昆虫模型来装饰箱子。

4. 准备和完成后的活动

春天是把昆虫旅馆放置到户外的好时间。放置之前需要先进行清理工作，如把野草拔掉，种上植物和昆虫喜欢的小树或灌木。

夏天，可以照顾和观察蜜蜂、黄蜂和蚂蚁等。它们飞入或飞出昆虫旅馆、产卵或喂食幼虫的时候，是观察的好时机。经常会有单独入住昆虫旅馆的昆虫。和孩子们讨论：喜欢单独入住的是哪种昆虫？哪些昆虫最多？哪些住在里面的时间最长？里面住的是哪种昆虫？昆虫会给它们的幼虫带来食物吗？它们会做什么，或把什么带在身上？你能拍一些照片以便更好地去观察吗？它们有多少翅膀？它们有多少条腿？在昆虫旅馆里你能数出多少种昆虫？有没有一些藏起来了？它们藏在了哪里？

这些问题样例你可以设计出来让孩子们去调查研究，从影片、网络、故事书或图画书中找到更多的关于昆虫的知识。

5. 如何建造一个好的昆虫旅馆

首先，给昆虫旅馆做一个可以防雨的屋顶，在屋顶上放上可以吸引昆虫的植物，如三色紫罗兰、罗勒和勿忘我等的花束。使用的工具有锯、锤子、钉子、在木头上钻洞的螺丝钻、旧木箱或大的托盘（如果想建一个大的旅馆）。

不同的材料吸引不同的昆虫，可以用木屑，圆木（老树的底部），不同尺寸的树枝（不要用针叶树，昆虫不喜欢针叶树）。昆虫喜欢空心的茎，如电线管或竹秆。如果想让喜欢黑暗和潮湿的虫子移居进来，需要放一些有洞的砖块。其他比较好的材料有松果，干草和树皮等。

六、拓展阅读

"虫子"不是一个科学术语。虽然老师并不需要具有科学知识就可以使学生对隐藏在森林深处的各种生命形式感兴趣，但是科学知识的基础可以为老师提供安全感和成功推动教育理念所需的灵感。

对于一些孩子来说，一个虫子可以是任何小的、不会靠着后腿走路、看起来不像狗或驼鹿的动物。然而，对于老师来说，虫子是昆虫、蜘蛛、甲壳类动物、软体动物、两栖动物、爬行动物和较少的几种其他动物。

知道更多种的虫子名称对于孩子来说有利有弊，老师在带孩子们做活动时要谨慎使用。因为如果试图让孩子学到更多的物种名称，那么他们对生物学的认知通常只会停留在表面，满足于只知道物种名称而不去做进一步的探索。当然，一些孩子希望知道他们看到过的每种物种的名称，这种情况下给他们提供尽可能多的信息也是不错的。

有时，当你正兴致勃勃地回答孩子们找到的小虫子的各种问题时，有一些孩子却失去兴趣而跑开去寻找新的虫子来问问题。虽然这不利于创造任何更深层的知识认知，但它或许对于精力充沛（躁动不安）的孩子是一种好的方法。因为这种孩子需要大量的运动，他们很难坐下来长时间专心地研究单个虫子。

一些情况下，建议老师回避回答问题，而是用反问孩子问题代替，如它们有多少条腿？你在哪里找到它的？它看上去像什么？用这种方法，老师可以引导学生去获得更多的信息。使用通过回答上述问题所学到的基础事实，他们可以在书中找到相关的虫子并学习关于这种动物更多的知识。因此，不回答问题也是引导孩子自己去探索的一种方式。

在《儿童、动物和自然》（1999）一书中，本特·利希特·马德森（Bent Licht Madsen）认为，反问问题的方法可能会让学生感到失望或暴露出他们的知识缺乏。Madsen声称一个孩子提出问题是为了获得答案或与成年人接触，而不是自己被质疑。当然，你如何回答问题也会有很大的不同。举个简单的例子，当问起一个盾螨"它是什么？"时，如果你蹲下来和孩子一起来研究这个虫子，并且说："你看，它是一只多么漂亮的盾螨，还有尖锐的嘴巴可以吸吮汁液。照顾好它，我们稍后会给其他小朋友看。"这样会更有效果。

　　对于在虫子这个领域知识贫乏的老师，可以让好奇心来接手。和孩子一起观察讨论你们所看到和观察到的。老师对于事物显示出很大的好奇心和学习的兴趣时会和在这个知识领域有更多知识的老师一样能给孩子灵感。然而，引导孩子进入下一阶段的学习时，需要加深和拓展他们的知识面并将其融入他们对生态系统的理解中，那么老师知道的这个领域的知识越多越有优势。

　　无论老师是否具有广泛的知识，重要的是做出一个榜样，总是用一条腿跪在地上的方法和孩子交流，因为那是你可以找到小虫子和孩子的地方。

主题四 神奇的水

水是什么？

水是夏季清晨小草上的露珠，是晴朗冬日挂在树上或屋檐的冰柱……

水是多样的，以不同的形式存在于我们的周围。

水是人类生存必不可少的条件之一，没有水，也就没有生命的存在。世界淡水资源极其有限，我们休养生息的地球虽然有70.8%的面积为水所覆盖，但其中97%的水是咸水，无法饮用。在余下的3%的淡水中，有68.7%是冰川和冻雪，可用的淡水只有约0.9%。在这0.9%的淡水中，80%存在于地下、生命体和大气中。有人比喻说，在地球这个"大水缸"里可以用的水只有"一汤匙"。

孩子们喜欢玩水，有很多有趣的关于水的游戏和活动是孩子们非常喜欢的。本主题通过与水相关的活动和实验，让孩子了解水的重要性，知道水是怎么形成的、水的用途、怎么节约用水、保护水资源等。

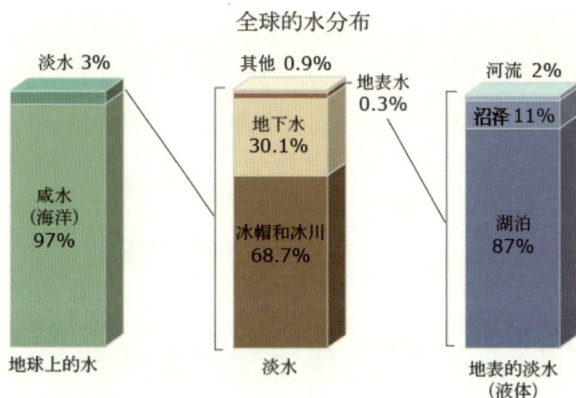

全球的水分布

淡水 3%	其他 0.9%	地表水 0.3%
	地下水 30.1%	河流 2%
咸水（海洋）97%	冰帽和冰川 68.7%	沼泽 11%
		湖泊 87%
地球上的水	淡水	地表的淡水（液体）

一、主题活动目标

主题名称	结合领域	主要发展目标
地球上的水资源	社会、科学	社会交往与合作、科学认知、科学探究、数学思维
水的三态游戏	科学、社会、健康	科学认知、合作、运动发展、注意力训练
水运输游戏	社会、健康	团队合作、体能运动
接水管	科学、社会、艺术	科学探究、社会交往与合作、艺术创造、动手实践
水的净化	科学	动手实践、科学探究
水彩虹	科学	动手实践、科学探究与实验
浮和沉	科学、语言	科学探究、语言表达、动手实践
水可以往上流吗	科学	科学探究与实验
青蛙的生长过程	科学、艺术	科学探究、动手实验
自制捞网捞水生生物	科学	科学探究、动手实验
自制水下望远镜	科学、艺术	科学探究与实践、动手实验
制作自己的水族馆	科学、艺术、语言	科学探究与实验、艺术创作
下了多少雨	科学	科学探究与实验
植物需要水	科学	科学探究与实验
冰雪城堡	科学、艺术	科学探究、艺术创造
制作冰灯和冰雕	科学、艺术	科学探究、艺术创造
水的不同形态	科学	科学探究与实验
水射流	科学	科学探究与实验
水滴有多强	科学	科学探究与观察实验
水的表面	科学	科学探究与观察

二、活动中的安全和风险规避

（一）实验活动中用水的安全

在一切实验操作活动中，保证师生的安全，避免不必要的伤害，是对任何一所学校乃至每一位教育工作者最基本的要求。不论哪位师生进行实验操作，都应遵守实验规则，要讲究实验的科学性。

水是人们最常用的物质之一，正是由于对它太熟悉，则往往忽视了一些用水做实验时应注意的事项。有些人错误地认为，我们地球人能够得到无限的水，因此在实验过程中就随意挥霍浪费水资源，甚至随意将酸、碱、毒的废液倒入地下水中，影响了人类的身体健康，有些甚至为人类埋下了安全隐患。实验教师需要不厌其烦地强调用水安全。

在水的实验活动中，材料的选择应该对孩子是安全的，比如，所用的颜料是可食用的，避免使用有毒的化学物品等。实验结束后，也要把用过的材料和工具处理好，避免造成污染。实验过程中，要遵循正确的操作方法。

（二）户外活动与水有关的安全

水边虽然很好玩，但水边一般又湿又滑，很容易发生落水，所以做关于水生物研究和水质研究等的活动时，需要去活动场地考察，熟悉活动区域小河和溪流的深浅情况，选择比较浅的水域，并且水边有可以站稳、不会打滑的地方。还要穿着合适的衣服和鞋子以防弄湿变冷。必要时也准备一些救生衣。

（三）生活中用水的安全

（1）不要在洗手池中乱扔物品，避免水管堵住。保护好家中和幼儿园的水管，保证水的顺利运输。

（2）不要喝不干净的水，也不要喝生水，注意用水卫生。

（3）去海边玩时，要离海岸远一些，并有成人看护，以免发生不必要的危险。

（4）随时注意不安全水域环境，比如，屋前屋后的水塘、沟渠等开放性水域，注意各种水井、沟渠、粪坑或蓄水池的盖子是否盖好。

（5）不要往水里乱扔垃圾，不要破坏水资源，养成保护水资源的良好习惯。

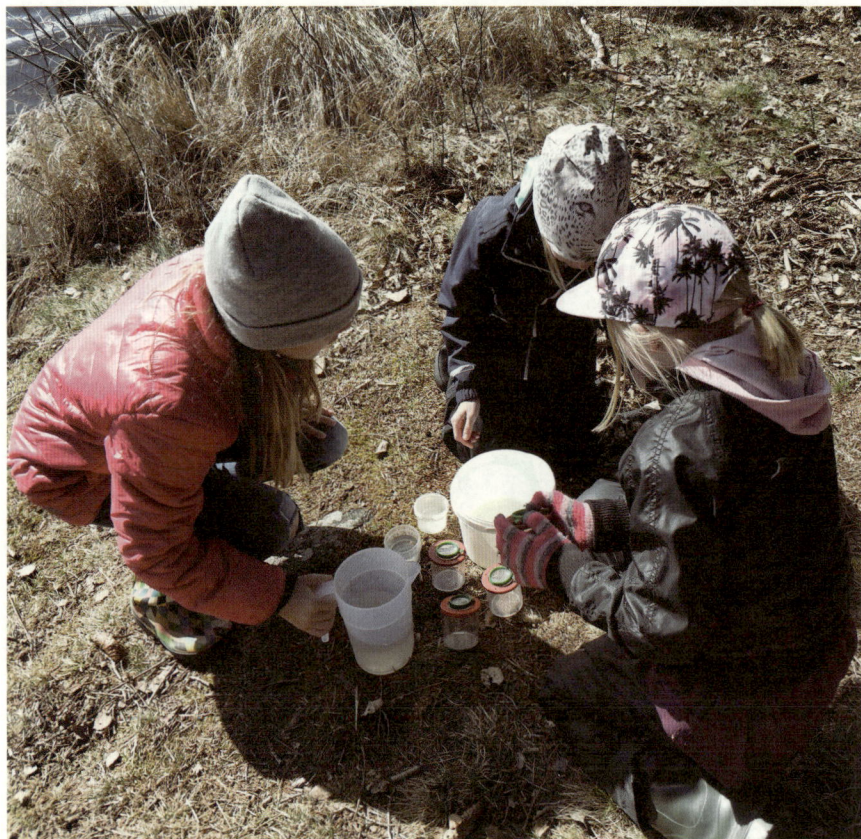

三、一日活动案例

一日活动计划

8:30　集合与说明

9:00　热身游戏

9:30　休息

10:00　水的户外活动

11:15　集合

11:30　午餐

12:15　水的实验

13:00　回顾与总结

（一）活动目标

（1）认识水的基本特征和水对人类的重要性。

（2）通过观察水、进行相关的水实验和水探索等活动，认识水、了解水、节约用水、保护水资源。

（3）乐于参与关于水的游戏活动，能够大胆地探索水的奥秘，善于发现并解决问题。

（4）培养对自然科学现象的兴趣和探索的欲望。

（5）培养动手能力和实际操作能力，语言表达和社会交往能力。

（二）活动材料

水管段、大的地球充气球、水桶、纸杯、钉子、食用颜料、漏斗、咖啡滤网、棉花、沙子、白砂糖块、高脚玻璃杯、蜂蜜、糖浆、洗涤液、水、食用植物油、水壶、橘子、塑料条、盘子等。

（三）活动准备

1. 关于水的讨论

我们喝的水是从哪里来的？和孩子进行讨论，让他们说出自己的想法。

水是从江、河、湖泊还有天上的雨水而来，这些可以直接饮用吗？为什么不能直接饮用？水在饮用前需要经过怎样的处理？

生活中都是哪些地方可以用到水？人需要喝水，做饭需要用水，洗衣服需要用水，洗澡、洗车、冲厕所等都需要用水。请孩子们说出日常生活中需要用到水的地方，什么方面用水最多，大家一起讨论。

水是怎么运输的？和孩子们讨论，水管里流出的水是从哪里来的？是通过什么方式运输的？

通常，城市里的一个人平均每天会用 150～170 升水。这些水用于：洗车和园艺用水 0～20 升，厕所用水 30 升，洗手和洗澡用水 50 升，厨房用水（做饭和洗碗等）40 升，洗衣服用水 30 升。可以用一个大桶装满 30 升水，让小朋友理解用水量。

通过这个活动讨论，让孩子们从平常的家庭用水中建立节约用水、保护水资源的意识。

2. 水的不同形态的变化，画出小水滴的"旅程"

和孩子们讨论水的不同形态，让他们说出水有多少种形态，它们之间是怎样变化的，然后让孩子们画出小水滴的旅程：水滴——水蒸气——液态水（雨水）——冰。

（四）集合与说明

在选择好的集合地点集合，进行活动说明。然后进行热身活动，调动起孩子们的热情。

使用水运输的方式分组。孩子们站成一圈，老师分给每人一张水管的图卡，图卡能够拼到一起让水顺利运输的孩子为一组。为了使他们更容易地找到同组的人，可以使用背面涂有不同颜色或画有不同标志的图卡。如果想要分成5组，就准备5套不同的水管拼接方式的图卡。

（五）热身游戏

1. 地球上的水资源

准备一个地球充气球，大家站成一个圈，从其中的一个孩子开始把球扔给另一个孩子，接到球的孩子要根据自己手接触到地球的位置说出是海洋还是陆地。扔球的孩子把球扔出的时候，也可以喊出接球的孩子的名字，这样有助于大家认识彼此。老师在一旁把海洋和陆地的次数记录下来。经过一段时间后，大家一起来统计活动中接触到的海洋和陆地的次数，这样可以计算出地球中陆地和水的分布比例。然后，告诉孩子尽管我们的地球中有这么多水，但是其实我们的饮用水资源是非常少的。

2. 水的三态游戏

大家手拉手站成一个圈，每个孩子通过在原地手拉手左右晃动来扮演液态水。老师站在中间，手里拿着三个魔法棒：水蒸气、液态水、冰。当老师拿出水蒸气的魔法棒时，大家都要把手松开，双臂摇晃着举过头顶，象征水蒸气上升；当老师拿出冰的魔法棒时，大家要快速聚集到一起，彼此挨着，像冰块的样子；当老师拿出液态水的魔法棒时，大家散开围成一圈手拉手做晃动状（和开始一样）。老师可以通过三种魔法棒变换的速度来调整难度。这个活动也是非常好的注意力训练游戏。

（六）水的户外活动

1. 水运输游戏

大家站成一个正方形，正方形的每条边上站一组人（4～5人），四个小组首尾相接。正方形的四个角处各放上一桶水（水量相同），四桶水分别属于四个小组。

每组发一个大水杯（或纸杯），从一个角上的人开始，从上一小组的水桶里勺水，然后按照顺时针的方向一个个传递，最后传到另一个角上的人把水倒入自己小组的桶里，接着把空杯子传递回去，重复刚才的过程。一段时间后，看看哪组的水最多，说明哪组运输水的速度最快。

2. 接水管

水是怎么运输的？和孩子们一起讨论水的运输方式，每组开始通过活动体验水的运输方式。

分发给每组一盒水管，大家首先根据说明一起合作把一段段的水管连接起来做成人体形状（如右图所示）。然后把水倒入不同的孔中，观察水会从哪里流出来。如果你想让水流向一个方向，就把其他的孔堵住。每组也可以自己设计不同的管道形状，或根据自己想让水怎么流通去设计管道的形状。

这个活动的目标是了解水的运输方式。用水管来试验水的输入口和出水口。

提问：厨房里水管的水是从哪里来的？水从哪里流进又流向了哪里？我们洗澡用的水是从哪里来的？为何我们需要保护好水管不被堵住？

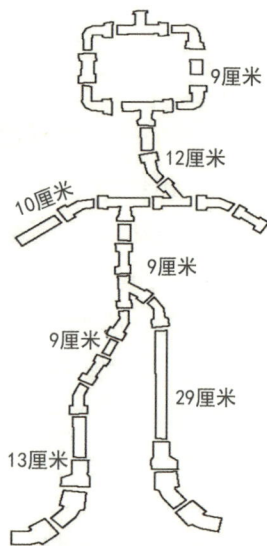

9厘米

12厘米

10厘米

9厘米

9厘米

29厘米

13厘米

3. 水的净化

大家按"水运输游戏"的分组，给桶里的水混入一些杂物，如泥土、石子、树枝等。分给每组一套净化水的工具：水桶、瓶子（或其他容器）、纸杯、漏斗、咖啡过滤纸、棉花、干净的沙子、爆米花等。让大家在实践中学会简单的净化水的方法。

把咖啡滤纸放在漏斗上，然后把漏斗放进一个瓶子或其他容器里。把泥水倒入咖啡滤纸过滤，然后在滤纸上放入沙子，把刚才过滤的水再过滤一次。然后，再用棉花进行过滤，还可以使用爆米花进行过滤。你会发现水越来越清净，而滤纸的颜色会改变，棉花、沙子和爆米花的颜色也会改变，因为它们会过滤掉水中的泥土和杂质。

提问：泥水在倒入过滤纸前后有什么不同？

为何棉花和爆米花颜色改变了？

有什么留在滤纸上了？

在我们从水龙头接饮用水前水是怎么净化的？

科学说明：人们需要的水是没有太多盐和其他杂质的。水通过过滤器过滤掉一些小颗粒。过滤器中的孔越小，水中的杂质颗粒就越容易被过滤掉。在大多数情况下，过滤不足以去除病毒或非常小的颗粒，还需要其他方法来净化水。

（七）水的实验

水是非常神奇的，有很多简单的水实验孩子们非常喜欢，又很容易操作。午餐休息后，按小组进行水实验活动，给每组分发实验材料。

1. 水彩虹

目标：观察研究水是怎样分层的。

材料：高脚玻璃杯，蜂蜜，糖浆，洗涤剂，水，食用植物油。

活动说明：把不同的液体按顺序倒入高脚杯中，倒入的顺序依次为蜂蜜、糖浆、洗涤剂、水、食用植物油。倒入的时候需要慢慢地，不要贴着玻璃杯的边缘去倒。最后，你会看到非常漂亮的分层现象。然后和孩子们讨论为什么会发生这样的现象。

这个活动还可以用水、食盐和食用颜料来操作。准备几个杯子，每个杯子里倒入等量的水，每杯水加入不同颜色的食用颜料，然后在杯子里加入不同量的食盐（加入量为 1～4 勺），搅拌溶解，其中一个杯子不放食盐。最后，把几个杯子里的水倒入一个高脚杯里，把放入食盐最多的水先倒入底层，没有放食盐的在最上层，其他的依次在中间，这样就会看到分层的水，像彩虹一样。

提问：为什么不同的液体不会混合在一起？

为什么水会分层？

科学说明：不同的液体有不同的密度，这就意味着相同量的不同液体的质量是不一样的。它们不会混合在一起，因为它们是相斥的。密度大的液体在下方，密度小的液体在上方，所以呈现出了漂亮的液体分层现象。

同理，几杯水加入了不同分量的食盐，所以水的密度会不一样，出现了分层现象。

2. 浮和沉

目标：通过实验了解在水里什么会沉下去，什么会漂浮在水面上。

材料：大水盆，幼儿园里的一些物品，铁块或铁钉，水壶，橘子，塑料条。

活动说明：在水盆里装上水，把幼儿园里的一些物品放入盆中看哪些会沉下去，哪些会浮在水面上。试着把铁钉、水壶、橘子和塑料条放进水里，看谁会浮在水面上，谁会沉下去。分别把带着皮和剥皮后的橘子放进水里看看有什么不同。

提问：为何一些物品会浮在水面上，一些物品会沉下去？

为何水壶会浮在水面上，而钉子会沉到水底？

为何橘子带着皮会浮在水面上，而把橘子皮去掉后却会沉下去？

科学说明：水壶由于表面积大，因此浮力大于重力。橘子的外壳充满了小气泡，这些小气泡会增加橘子的浮力。当橘子有皮时，浮力增加，就会上升；当橘子剥掉皮后，它的浮力降低，就会下沉。浮力是当物体完全或部分浸没在液体或气体中时作用在物体表面上的压缩力的总和。

3. 水可以往上流吗

目标：通过使用糖块让水上升或往上流。

材料：盘子，白砂糖块，食用颜料，杯子。

活动说明：把几块白砂糖块摞在一起放入盘子中做成一个塔的样子。将食用颜料和杯子里的水混合，然后把杯子里的水轻轻地倒入盘子里，观察这时什么发生了。

提问：水可以往上流吗？怎样才能让水往上流呢？

科学说明：糖的化学成分使其吸收水分，然后逐渐溶解，就会看到水往上流的现象。

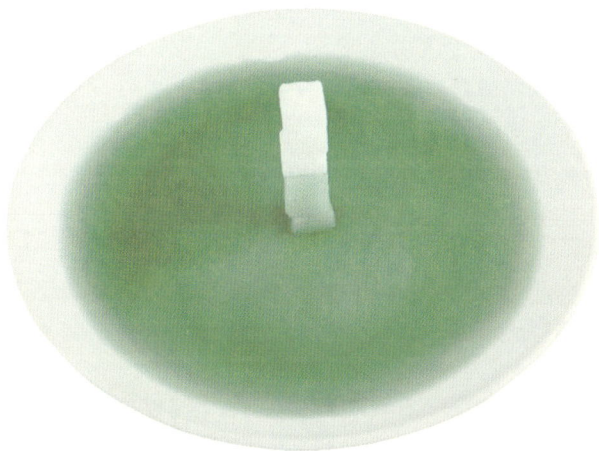

（八）回顾与总结

活动结束后，大家围坐在一起，进行回顾、反思和总结。

（1）做了哪些与水有关的活动和实验？对水有了什么新的了解？

（2）水在人们生活中的作用？

（3）水是如何运输的？

（4）水可以净化吗？如何确定水是可以喝的？

（5）我们应该怎样节约用水和保护水资源？

四、更多与水相关的户外活动

（一）青蛙的生长过程

目标：跟踪观察青蛙从卵到蛙的生长变化过程。

材料：迷你水族箱或塑料盆，青蛙卵，石头，水藻，水生植物。

活动说明：用一个大的塑料盆或水族箱来建造一个迷你池塘，放入一些水生植物和水藻，在中间放一块青蛙容易爬上去的石头。每周换一次水，要使用你找到青蛙卵的池塘里的水。如果使用自来水管里的水，只能每天换一杯这样慢慢来换。在蛙卵变成蝌蚪前，不需要任何食物。变成蝌蚪后，可以用鱼食来喂养它们。等蝌蚪变成青蛙后，记得把青蛙放回到原来的池塘。

提问：蝌蚪吃什么？

为何我们需要在水族箱里放上一块石头？

整个过程中发生了什么？

青蛙从卵变成蝌蚪再从蝌蚪变成青蛙需要长时间？

科学说明：动物的发展是有不同的阶段的，青蛙也是这样。观察青蛙卵到成蛙的发展变化对幼儿园的孩子是比较容易的。

青蛙是两栖类动物，可以在陆地上跳来跳去，也可以在小池塘里游来游去。青蛙在繁殖季节将卵产在水中，然后卵发育成蝌蚪，蝌蚪经过一段时间先长出后腿，然后再长出前腿，最后变成幼蛙，幼蛙的尾巴逐渐消失长成成蛙。

🌿（二）自制捞网捞水生生物

目标：用简单的自制工具捕捞水生物进行探索研究。

材料：木棍，网筛（可以用废弃的网捞），胶带。

活动说明：把网筛和木棍用胶带绑到一起，要固定住。然后到小河或小溪去捞水生生物，把捞起的水生生物放到塑料盆中，再用观察盒进行分类，用放大镜和观察盒进行观察。

提问：水生生物怎么避免自己被吃掉？

科学说明：水下的小动物有不同的防御策略。它们有的擅长游泳，有的擅长伪装自己，有的擅长挖洞，有的擅长建造房屋，这些方式都可以让它们有效抵御外侵，防止被吃掉。

🌿（三）自制水下望远镜

目标：通过制作望远镜来观察研究水面下的生物。

材料：用过的酸奶杯，保鲜膜，胶带或皮筋，剪刀。

活动说明：用剪刀切开酸奶杯的底部，用保鲜膜把底部覆盖住，用胶带或皮筋把保鲜膜固定在酸奶杯上。现在可以把做好的"望远镜"放到水面上，观察水下面都有什么生物了。

提问：有什么生物生活在水面下？水里的动物和鱼类是如何呼吸的？

科学说明：水望远镜打破了水表面的薄膜，让你能看到水下面的东西。水下的动物有些通过"吸管"（某种长鼻子）吸入氧气，有些通过浮出水表面吸入氧气，而有些则通过鳃来呼吸。

🌿（四）制作自己的水族馆

目标：自己动手制作水族馆，并观察水生物，了解它们的生命周期。

材料：一个旧的水箱、玻璃碗或玻璃容器，沙子，石头和水里的植物。

活动说明：找到一个旧的水族箱或者玻璃容器，将你发现水生生物地方的水装进水箱，约占水族箱的2/3。然后，在底部添加3～4cm的沙层。注意在把沙子放进水族箱前要进行清洗。找一些石头和植物放进水族箱里，有助于在水里制造氧气。还需要在水底加入一些小木棍并使其略高出水面。不要把水族箱放在太阳底下，那样可能会让它变得太热。现在水族馆做好了，你可以去收集水生生物放进去，然后观察它们会发生什么。也许你会发现蜻蜓爬出它的蛹。

提问：动物在水族箱里生存需要什么？

科学说明：需要注意的是水族箱中有植物、石头和木棍，这样才能保证有氧水生环境。还要确保水族箱温度不会太高！

（五）下了多少雨

目标：制作自己的雨水测量器。

材料：矿泉水瓶，剪刀，刻度尺，记号笔。

活动说明：用剪刀把矿泉水瓶上部弯曲的部分剪断，在瓶子上做上以毫米为单位的刻度。如果孩子们还不理解毫米，可以在刻度上标上小、中、大雨（大雨约50毫米及以上，中雨10～50毫米，小雨0～10毫米）。此测量必须在24小时内完成。

提问：雨水落下来会去哪里？

科学说明： 雨下得越快越多，落入雨水测量器里的水就会越多。

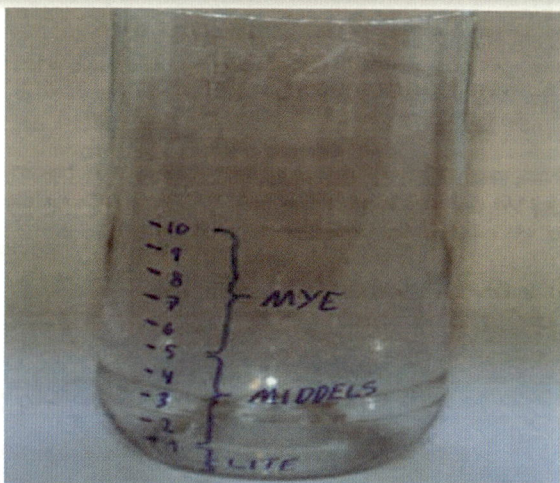

（六）植物需要水

目标：观察植物吸收水分，水在植物中的运输方式。

材料：白色康乃馨，食用色素，花瓶或玻璃杯2个。

活动说明：把不同颜色的食用色素溶入不同花瓶的水中，把康乃馨的花茎从中间竖着切成两半，保持花朵完整，把两部分花茎分别放到盛有不同颜色水的花瓶中。几天之后可以观察发生了什么。（白色康乃馨边缘的颜色变成了水的颜色。）

提问：植物生长需要什么？为什么植物会变色？

科学说明：植物中的根、茎、叶都有导管用来输送水分等。水由根部吸收，通过根中导管进入茎中导管再到植物的各个部分。

（七）冰雪城堡

目标：制作自己的冰雪城堡，体验水是如何变成冰的。

材料：空牛奶盒或硬纸盒，冰盒，其他的塑料盒子或桶，食用颜料。

活动说明：这个活动适合在冬季做。在空牛奶盒、硬纸盒、水桶和其他盒子里装上水，用不同颜色的食用颜料给盒子里的水染色，然后把它们放到零度以下的室外。水结冰之后把冰从盒子里取出来，如果比较难取，可以浇上一些热水让冰松动。把雪和水混合在一起制作自己的"冰水泥"。冰水泥可以用来把冰块粘接到一起，这样孩子们就可以建造自己喜欢的城堡了。

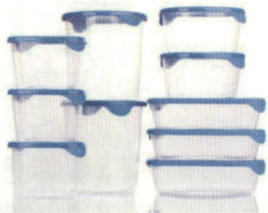

提问：水变成冰需要多冷？

当水变成冰时发生了什么？

科学说明：当水结冰时体积会变大 10%，因为结冰后水分子之间的距离会变大。

🌿（八）制作冰灯和冰雕

目标：用冰雪创意活动把冰变成艺术品。

材料：不同大小的水桶，气球，一次性橡胶手套，食用颜料。

活动说明：这个活动适合在冬天做。在不同大小的水桶里装上水，把它们放在零度以下的户外，或者把它们放到冰箱里。24 小时内把它们取出来（水冻住的时间和水桶的大小及温度有关，可以自己去测试）。把冰块取出来后，在冰块上打一些洞，让里面的水流出来。然后，可以在里面放一盏灯，这样冰灯就做成了。还可以用不同的自然物和食用颜料来装饰设计自己的冰灯。使用一次性手套和气球去创造不同冰的形状，这样就可以做一个冰雕展了。

提问：为何桶里的水是桶边上的先结冰？

科学说明：水在零度时变会成冰和水的混合物，继续放在零度以下的环境中，会结成冰

🌿（九）水的不同形态

目标：通过实验观察水的三种不同形态，了解它们是如何转换的。

材料：红色和绿色的冰块（制作冰块时使用食用颜料），咖啡滤纸，几个杯子，透明盖子的热水壶。

活动说明：把绿色的冰块放到一杯温水中，红色的冰块放入一杯冷水中。观察谁最先融化。

将热水注入水壶，盖上透明的盖子，把热水壶放到火炉上煮沸，透过透明的盖子看看里面发生了什么。

冬季下雪的时候，还可以把雪放入咖啡滤纸中再放进一个杯子里，把它放到幼儿园教室里一天的时间，看看雪会发生什么变化。然后，观察咖啡滤纸，看看是否能找到一些小动物。

你会发现，放在热水里的绿色冰块会先融化；在水壶的盖上会有一些小水滴；咖啡滤纸中的雪会融化，最终变成液态水。

提问：冰在温水中先融化还是在冷水中先融化？

把热水壶放到火炉上烧水时会发生什么？

把雪团带入幼儿园会发生什么？

> 科学说明：物质一般都有三种形态：固态—液态—气态。在不同形态之间相互转变叫做相变。冰块在热水中先融化，因为它会比在冷水里更快地变成水分子（热水中的水分子运动比冷水的水分子要快）。热水壶的盖子会使水蒸气冷却，使其再次变为液体。雪到水之间的变化是相变的另一个例子。

（十）水射流

目标：通过增加水压的方式让水射流喷射得更远。

材料：牛奶盒，钉子或织针，胶带。

活动说明：用织针或钉子在牛奶盒的一侧中间位置穿一个小孔（如下图所示），在这个孔上贴上胶带。在牛奶盒中装入半盒水，把胶带移除，看看水射流会喷射多远。然后，把胶带贴在小孔处，把牛奶盒装满一盒水，把胶带移开，再看看水射流会喷多远。选择地面上的一个目标（石头或树干等），让你的水射流能击中这个目标，看看需要在牛奶盒里装多少水才可以击中目标。

还可以把牛奶盒的四个面各打一个孔，牛奶盒上拴上细线，挂在树枝上。往牛奶盒里装满水，看看会发生什么。牛奶盒会旋转着从各个孔喷出水，形成一个"涡轮机"。

提问：为何水射流喷的远近不同？

为什么把牛奶盒装满水，水射流会喷射得更远？

科学说明：当牛奶盒里装入水时，水压会随着水量的增加而增加。盒子中的水位越高，水压就越高。高压水有很多潜在能量，水力发电就是用水坝中水位的能量来发电的。水力发电的基本原理是利用水位落差，配合水轮发电机产生电力，也就是利用水的势能转为水轮的机械能，再以机械能推动发电机，而得到电力。

（十一）水滴有多强

目标：测试 1 元硬币表面可以容纳多少滴水。

材料：滴管，1 杯水，1 元硬币。

活动说明：首先，用吸完水的滴管轻轻地滴一滴水到桌面上来研究水滴，观察水滴的形状。然后把 1 元硬币放到桌上，将一滴水轻轻滴在硬币表面上，看看发生了什么。继续往硬币上滴水，观察水滴变成了什么形状，看看硬币上能滴多少滴水而水不会溢出硬币边缘。

提问：为何水滴是圆的？

　　　为什么水滴不会流出硬币的边缘？

科学说明：水表面的薄膜会帮助水保持原位，但稍微晃动就足以摧毁水的表面薄膜。水表面薄膜是液体表面的薄层，表面膜与拉伸的弹性膜具有许多共同特征。在水滴中，表面的薄膜就像一个小袋子，在水周围收紧，因此水滴是球形的。液体与气体相接触时，形成一个表面层，在这液体表面层内存在着的相互吸引力就是表面张力，它使液面自动收缩。就像你要把弹簧拉开些，弹簧反而表现具有收缩的趋势。正是因为这种张力的存在，有些小昆虫才能无拘无束地在水面上行走自如。

🍃（十二）水的表面

目标：通过实验了解水的张力。

材料：深口的盘子（或水盆），曲别针，肉桂粉，洗涤液，滴管。

活动说明：实验1　通过实验来探索水表面薄层。取一个深盘子或水盆，在里面装上水并放上一层肉桂粉覆盖整个水面。用滴管取一些洗涤液，轻轻地滴一滴洗涤液到肉桂粉上面，观察发生了什么现象。肉桂粉自动散开聚集在边缘，形成一个好看的星形。

实验2　取一个非常干净的盘子，不要有洗涤液残留。在盘子里倒入水，把一个曲别针放在水面上，水表面的张力足够强大可以让曲别针浮起来。

提问：为何一些虫子可以在水面上行走？

　　科学说明：一滴肥皂水（洗涤液）就足以破坏水的表面层，因为它减少了水表面张力。就像当你把手指放入水里时，手指周围的水分子不得不从你的手指部分散开。在水里加入肥皂液对一些生活在水表面的小动物是非常危险的。有的蚊子的幼虫挂在水的表面层，如果这个表面层张力弱，它们就会沉入水里而淹死。

五、拓展阅读

（一）挪威的水袋项目

挪威的水袋项目是哈马尔自然学校和挪威水组织为挪威幼儿园和小学开发的一个项目，为孩子们介绍水和水资源的探索、实验、系统化的活动。

水袋项目里的活动和实验不需要大量的投入，简单实用，并配合科学说明。活动中的设备基本上可以在幼儿园和学校其他的活动中所用到的材料里找到，所以不需要再投入大量的资金来购买器材。水袋项目还为幼儿园和学校老师提供了指南，指南中包括能力目标、所需材料、活动操作说明和知识介绍等。

水袋项目的目标群体包括幼儿园的儿童、小学和中学的学生以及高等教育的学生，挪威水组织希望这个项目能增加他们对世界上最重要资源——水的了解，关注水和环境，并能激励一些人未来能在水资源这个领域作出贡献。从幼儿园开始培养孩子对水的兴趣和认知是一个非常好的开始。

幼儿园的水袋项目，分为9个不同的主题和23个实际的活动和实验操作。

1. 池塘和小溪的生物
2. 植物和水
3. 冬季的雪和冰
4. 人类和水
5. 水研究
6. 水清洁
7. 水的运输系统
8. 水和能量
9. 水的属性

（二）水的相关知识

1. 地球上的水循环

你知道地球上的水量总是不变的吗？可以说我们喝的水与恐龙喝的水是一样的，虽然这种说法并不精准。新的水分子每天都会通过无数的化学反应形成和消失。植物每天通过光合作用破坏数百万个水分子，然后通过细胞呼吸连续形成新水。水一直在循环、变形、运动中，在永不停止的循环中被反复利用。

地球上的水大多数都存在于江、河、湖、泊、海洋和大气层中。水的状态包括固态、液态和气态。水会通过一些物理作用如蒸发、降水、渗透等由一个地方移动到另一个地方。水循环是指地球上不同的地方上的水，通过吸收太阳的能量，改变状态到地球上另外一个地方。例如，地面的水分被太阳蒸发成为空气中的水蒸气。

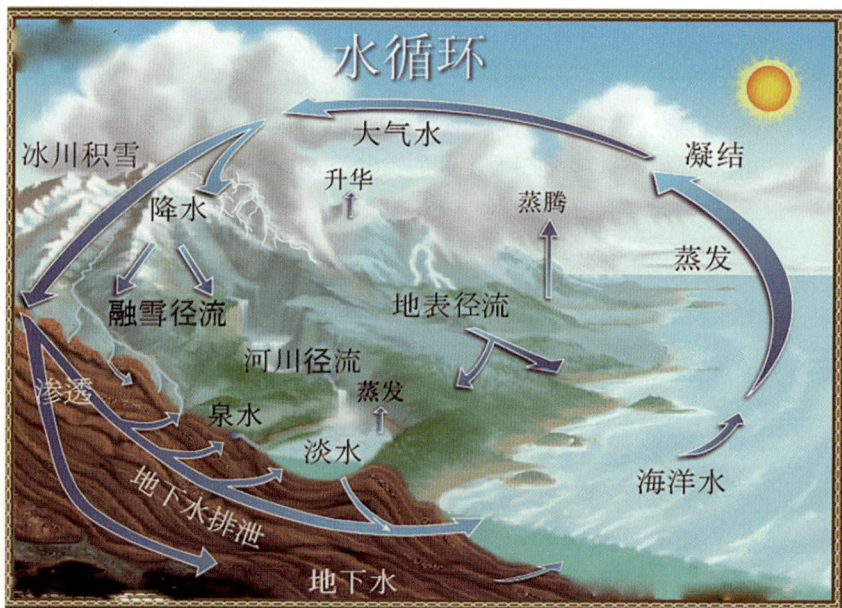

2. 植物的光合作用

光合作用是地球上一切生命生存、繁衍和发展的基础，是将太阳能转化为有机物中化学能的神奇过程。光合作用发生在植物的叶子、藻类和一些细菌中。

（1）为了进行光合作用，植物需要什么？

气温在 15～25 摄氏度；地球上的水；阳光；CO_2（二氧化碳）。

光合作用是一种生化反应，只有在光照时才会发生。这个过程构成了地球上所有生命的基础。

（2）光合作用会发生什么？

太阳能转化为化学能；水和二氧化碳被植物吸收，是光合作用的原料；光合作用将原料转化为糖和氧气。

（3）光合作用中形成的糖会发生什么？

光合作用中形成的糖被运输到植物的枝杈、茎或根，在那里它们被转化成纤维素、淀粉或油。它们转换成什么取决于是什么植物和运输到哪里。下面 4 种是光合作用转换的样例：树木约有 50% 的纤维素；马铃薯约有 20% 的淀粉；向日葵种子约有 50% 的油；苹果约有 10% 的糖。

（4）光合作用的氧气发生了什么？

白天，光合作用产生的氧气大于细胞呼吸所需要的氧气，因此会使空气中的氧气增加。这也是人类和动物呼吸并依赖生存的氧气。

一些糖保留在叶子中并用于细胞呼吸。它是光合作用的相反过程，主要发生在细胞的线粒体中。在夜间，光合作用停止，而细胞呼吸继续。出于这个原因，绿色植物在黑暗时呼吸氧气，跟人类及动物相似。

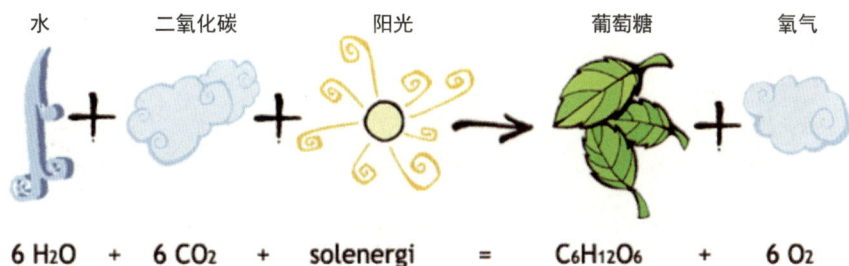

| 水 | 二氧化碳 | 阳光 | 葡萄糖 | 氧气 |

$$6\,H_2O + 6\,CO_2 + solenergi = C_6H_{12}O_6 + 6\,O_2$$

3. 水对我们有多重要

研究显示，全球有97%的海水（咸水），2%的冰（冰川、冰盖等），0.9%的地下水（土壤和岩石中的水），0.01%的地表水（湖泊、溪流和河流）。

地球上的水只有1%是我们可用的，见图标示C和D。所以，保护好水资源是非常重要的。纯净的水对世界上所有人的健康至关重要。

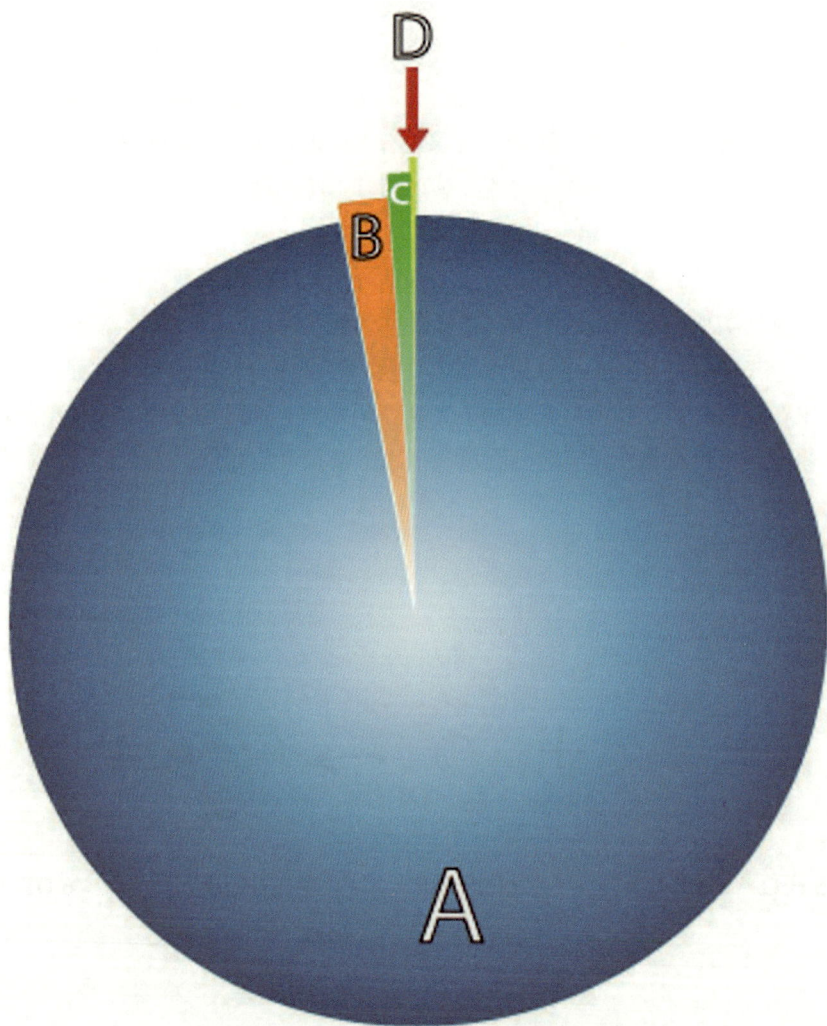

4. 身体里的水

水是我们最重要的营养，没有食物我们可以生存几周，没有水我们只能生存几天。成人每天需要 2～2.5 升的水，其中，从食物中获得 1 升水，所以我们需要每天喝 1～1.5 升的水。

我们缺少 1 升水的时候才会感觉口渴，所以最好在你口渴之前就喝水。

儿童水的蒸发量大于成人，老年人的口渴感没有那么强烈。儿童和老年人有时候会忘记喝水，他们可能会感觉疲倦、头晕、没有食欲。如果缺少水任何人都会有这些感觉。

人体大部分是由水构成的。在成年人中，身体由约 70% 的水组成，在新生儿中，水占体重的 90%。骨骼包含 20% 的水，脂肪组织水的含量为 25%，骨骼肌水含量为 80%，血浆水含量为 92%，肺部含有近 90% 的水分。

身体中的水管即血管。科学家专门做过调查，若把一个成年人身体里所有的动脉血管、静脉血管和毛细血管连接在一起，约有 15 万千米长，这个长度可绕地球两周半左右！

附录

附录 1 40 任务游戏

40 任务游戏的名称由来是因为这个游戏中包括了 40 个不同任务的数字卡。团队中的参与者需要找到它们并一起解决问题。40 张任务卡放在一个围起来的区域（规定的区域）的不同的地方，用衣夹挂在树枝上或小灌木上。

练习的内容可以无限变化，以适应活动需要的各种主题。可以使用大骰子作为寻找任务卡的工具，最好每组一个。骰子可以自己制作，用木头做成方块，在上面画上点儿。

所有组都提前确定一种动物的叫声，如猫、狗、牛或鸟的叫声作为他们招呼其他人的声音信号。每组成员轮流掷骰子，骰子上的点数（如点数是 5）表示他们应该寻找和共同完成的任务卡编号。首先找到 5 号任务卡的那个人通过动物的叫声把其他的人吸引过来。当小组中的每个人都到达时，他们开始阅读任务卡和完成任务。然后，每个人都跑回一开始投掷骰子的位置并再次掷骰子。如果这次他们得到的点数是 4，现在他们就必须用新数字 4 加上 5 等于 9，去寻找 9 号任务卡……继续游戏，直到他们获得的数字相加得到 40 或有其他小组完成 40 号任务时游戏结束。

1

在自然中找到一些象征
春天的物品。

40 任务游戏

2

在自然中找到一些象征
夏天的物品。

40 任务游戏

3

在自然中找到一些象征
秋天的物品。

40 任务游戏

4

在自然中找到一些象征
冬天的物品。

40 任务游戏

5

每个人拥抱 3 棵树。

40 任务游戏

6

在自然中找到一些好闻的物品。

40 任务游戏

7

在自然中找到一些
美丽的物品送给老师。

40 任务游戏

8

唱一首关于花儿的歌儿。

40 任务游戏

9

大家要一起站在一块
石头上或树桩上。

🐢40任务游戏

10

试着在某个圆柱形物品上
让自己保持平衡。

🐢40任务游戏

11

试着在叶子中间找到一只蜗牛。

🐢40任务游戏

12

试着在自然中找到一些
让人闻上去有快乐感觉的物品。

🐢40任务游戏

13

用不同的动物创作一首儿歌。

🐢40任务游戏

14

找到一小块苔藓放到你的
面颊上，感受它的柔软。

🐢40任务游戏

15

找到一些湿的物品，
把它放到你的面颊上。

🐢40任务游戏

16

找到两种不同的针叶，
让它们轻轻的碰触你的手背。

🐢40任务游戏

17

找到一小块树皮把它交给老师。

40 任务游戏

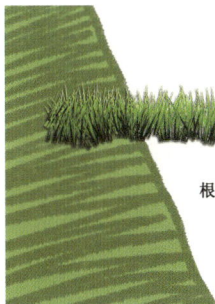

18

每个人摘一根草秆，
根据草秆从长到短站成一排。

40 任务游戏

19

闭上眼睛仔细倾听，
现在有多少只鸟在鸣唱？

40 任务游戏

20

从地上捡一个自然物品，
把它交给你闭着眼睛的朋友，
请他说出物品感觉是怎样的。

40 任务游戏

21

闭上眼睛，
让你的朋友拉着你的手，
引领你来到一个神秘的地方。

40 任务游戏

22

在自然中找到一些
松鼠喜欢吃的物品。

40 任务游戏

23

找到一些不是绿色的物品，
并试着弄明白这个物品
可能有多大年龄了。

40 任务游戏

24

找到 6 种不同颜色的物品。

40 任务游戏

25

告诉彼此你曾见到过的一种动物。

40 任务游戏

26

一些人模仿鸟叫，
其他人猜出是什么鸟。

40 任务游戏

27

你几岁了？
根据你的年龄
围着树走相同的圈数。

40 任务游戏

28

你能在树枝或花丛中
找到树芽或花蕾吗？

40 任务游戏

29

你能说出在湖边活动
带在身上的三种有用的物品吗？

40 任务游戏

30

你能说出去徒步时需要带的
三件好物件吗？

40 任务游戏

31

找到地上的一些树枝，
并把它们从短到长排列。

40 任务游戏

32

给每人一个大大的拥抱。

40 任务游戏

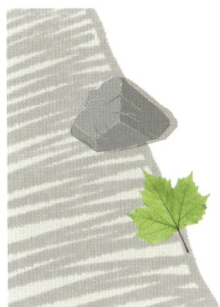

33

试着在自然中找到一个
非常重和非常轻的物品。

🍃40 任务游戏

34

从树上或地上摘或捡
三片不同的树叶。

🍃40 任务游戏

35

你能指出在石头、树皮或枯树
下的一条蜈蚣吗？

🍃40 任务游戏

36

别紧张，
像考拉熊一样
静静地坐一分钟。

🍃40 任务游戏

37

大家一起大喊："春天来了！"

🍃40 任务游戏

38

大家一起大喊："夏天来了！"

🍃40 任务游戏

39

大家一起大喊："秋天来了！"

🍃40 任务游戏

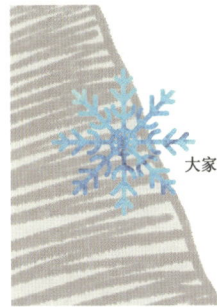

40

大家一起大喊："冬天来了！"

🍃40 任务游戏

附录2 幼儿园自然教育调查问卷

• 你的幼儿园或学校是怎样的，环境如何？幼儿园或学校的院子是如何使用的？

_____

• 你的幼儿园或学校周围有没有适合做不同类型活动的场地？

_____

• 你的幼儿园或学校在天气变化时有没有防御措施，如下雨了有没有防雨措施？

_____

• 校园里或户外有没有儿童坐的木头或集合点等？

_____

• 园所附近的环境是否有一些可以生火的地方或有可能在户外做饭或烧烤？

_____

• 和你的幼儿园或学校离得最近的自然环境是什么样的？

_____

• 学校或幼儿园附近是否有绿地、树木、浆果、灌木、栽培花卉或小径？谁拥有学校旁边的森林财产？你有权使用它吗？

_____

• 从学校或幼儿园步行到最近的森林、草地、公园、大海或小溪需要多长时间？学校或幼儿园的学生如何更方便地到达那里？

_____

• 为了使幼儿园或学校在活动中受益，你觉得可以使用哪些材料？

_____

• 你对在自己幼儿园或学校植入自然教育活动有何感想？

_____

附录 3　一年感官活动记录表

　　和孩子一起制作一个感官记录表，把一年中不同季节的观察记录制作成日志。这个日志可以班级一起制作，也可以每个孩子制作一个。每人选择自己要观察的地点或物品，做好标记。然后，可以用写、画、拍照和收集不同的自然物以及其他的物品来说明和记录对自然的感官体验。

春季

时间:　　　　　　地点:　　　　　　天气:　　　　　　姓名:

图画/照片/自然物

对上面的收集物品的记录:

我的感觉

　　👁　　我看到:

　　👃　　我闻到:

　　👂　　我听到:

　　👄　　我尝到:

　　✋　　我触摸到:

特别的感觉

夏季

时间:　　　　　地点:　　　　　天气:　　　　　姓名:

图画/照片/自然物

对上面的收集物品的记录:

我的感觉

👁 我看到:

👃 我闻到:

👂 我听到:

👄 我尝到:

✋ 我触摸到:

特别的感觉

秋季

时间:　　　　　地点:　　　　　天气:　　　　　姓名:

图画/照片/自然物

对上面的收集物品的记录:

我的感觉

👁 我看到:

👃 我闻到:

👂 我听到:

👄 我尝到:

✋ 我触摸到:

特别的感觉

冬季

时间：　　　　　地点：　　　　　天气：　　　　　姓名：

图画/照片/自然物

对上面的收集物品的记录：

我的感觉

👁 我看到：

👃 我闻到：

👂 我听到：

👄 我尝到：

✋ 我触摸到：

特别的感觉

附录4 一日自然教育活动观察记录表

班级：   观察员：

活动主题：	参加人数：
观察时间：	观察地点：
活动计划：	
实际操作情况：	

孩子在活动中的表现

活动兴趣：

合作交流：

专注力：

创意意识：

自律能力：

表达能力：

哪些环节是孩子最感兴趣的：

除活动主题领域外，孩子有没有学到其他内容：

反思和总结：

如何拓展自然教育活动：

附录 5　思考 / 存档工具表

思考的问题：

1. 如何收集孩子们的想法？
2. 哪些问题是可以向孩子提出的？
3. 如何依据孩子的想法和创意来继续项目的工作？

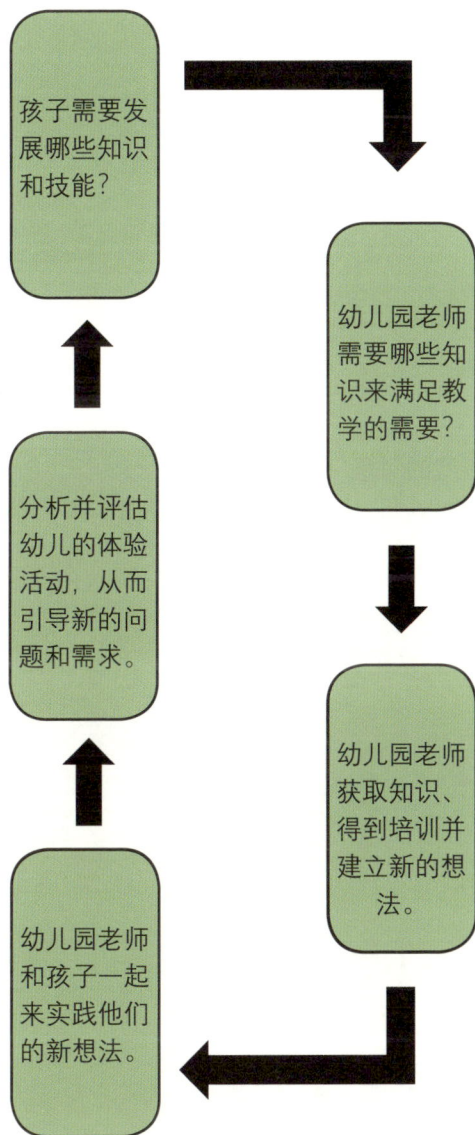

孩子需要发展哪些知识和技能？

幼儿园老师需要哪些知识来满足教学的需要？

分析并评估幼儿的体验活动，从而引导新的问题和需求。

幼儿园老师获取知识、得到培训并建立新的想法。

幼儿园老师和孩子一起来实践他们的新想法。

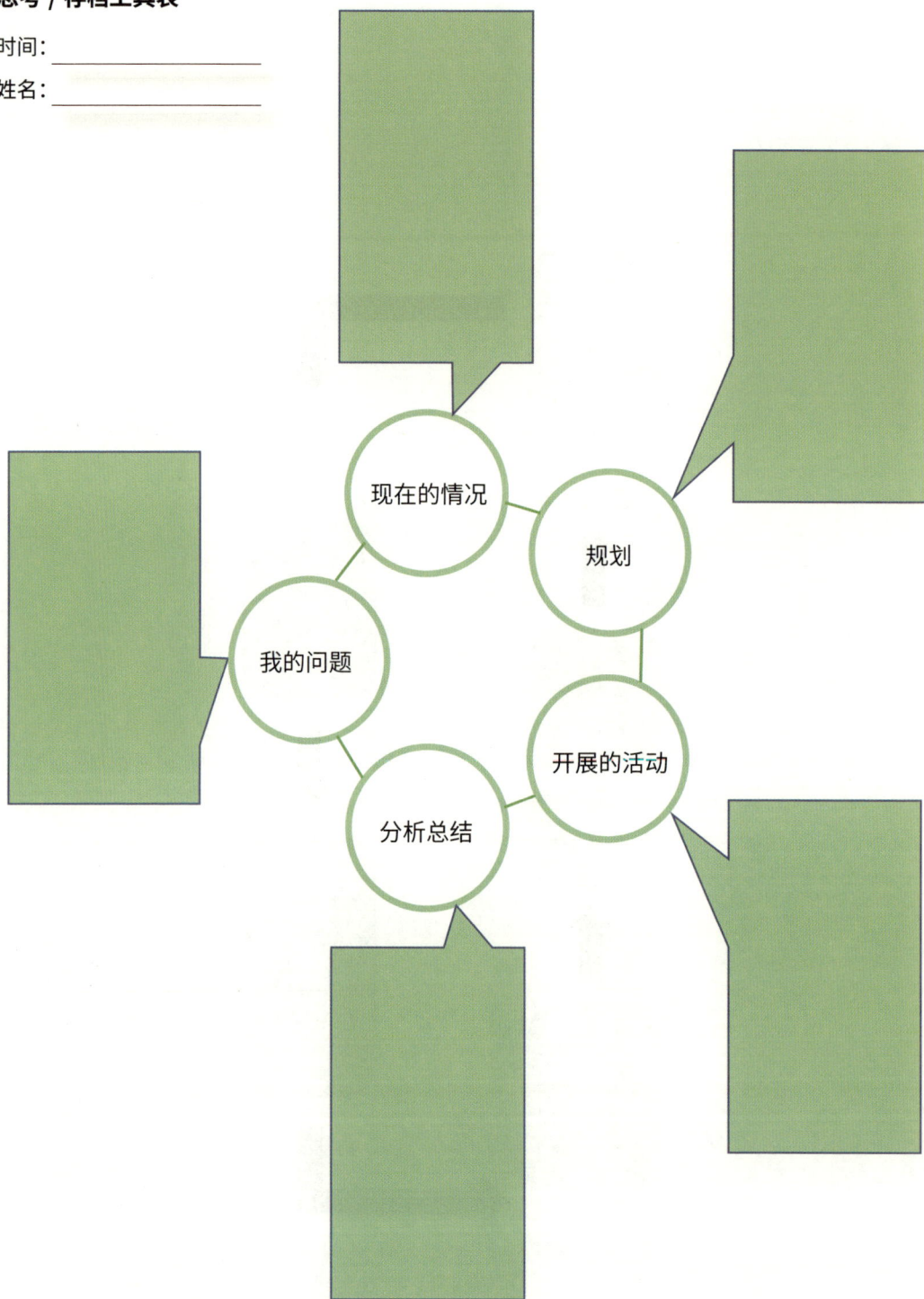

思考 / 存档工具表

时间: _____

姓名: _____

现在的情况

规划

我的问题

开展的活动

分析总结